发展壮大农村集体经济

——北京市农林科学院帮扶实践与探索

秦向阳　王　植　时　朝　主　编

梁国栋　龚　晶　赵秋菊　副主编

中国农业科学技术出版社

图书在版编目（CIP）数据

发展壮大农村集体经济：北京市农林科学院帮扶实践与探索 / 秦向阳，王植，时朝主编. --北京：中国农业科学技术出版社，2024. 4

ISBN 978-7-5116-6761-8

Ⅰ. ①发…　Ⅱ. ①秦… ②王… ③时…　Ⅲ. ①农村经济－集体经济－研究－中国　Ⅳ. ①F321.32

中国国家版本馆CIP数据核字（2024）第075264号

责任编辑　姚　欢
责任校对　王　彦
责任印制　姜义伟　王思文

出 版 者　中国农业科学技术出版社
北京市中关村南大街12号　　邮编：100081
电　　话　（010）82106631（编辑室）　（010）82106624（发行部）
（010）82109709（读者服务部）
网　　址　https: // castp.caas.cn
经 销 者　各地新华书店
印 刷 者　中煤（北京）印务有限公司
开　　本　140 mm × 203 mm　1/32
印　　张　3.375
字　　数　80千字
版　　次　2024年4月第1版　　2024年4月第1次印刷
定　　价　39.00元

目　录

CONTENTS

上篇　基础理论与帮扶政策

下篇　北京市农林科学院对集体经济薄弱村帮扶模式与理论研究

上篇

基础理论与帮扶政策

2020年是我国脱贫攻坚战的收官之年，“三农”工作的重心也由脱贫攻坚开始向乡村振兴转移。脱贫攻坚战取得全面胜利后，以习近平同志为核心的党中央作出设立5年过渡期以实现巩固拓展脱贫攻坚成果同乡村振兴有效衔接的重大决策。全面建设社会主义现代化国家，最艰巨最繁重的任务仍然在农村。巩固拓展脱贫攻坚成果是其中的重要一环。习近平总书记曾在《摆脱贫困》中指出，“发展集体经济是实现共同富裕的重要保证，是振兴贫困地区农业发展的必由之路，是促进农村商品经济发展的推动力。”所以，全面推进乡村振兴，加快推进农业农村现代化，发展好农村集体经济是主要任务。

第一章

我国农村集体经济的战略地位

集体经济是由部分劳动者共同占有生产资料的一种公有制经济，是我国农村的主要经济形式，是社会主义公有制经济的重要组成部分，是实施乡村振兴战略，探索中国特色农业农村现代化道路的重要依托。在新的历史条件下发展壮大农村集体经济，是引领农民实现共同富裕的重要途径，是促进城乡融合发展的必由之路，也是提升农村基层党组织战斗力的重要保障。壮大农村集体经济，对于坚持发展中国特色社会主义、实现全面建成小康社会和共同富裕具有重要意义。新时代实施乡村振兴战略，必须坚定不移发展壮大集体经济，走共同富裕道路。

当前，经济相对薄弱村在我国农村仍然普遍存在。经济相对薄弱村是一个地区经济社会全面发展的制约因素，也是乡村振兴中亟须关注的“补短板”环节。只有发展集体经济，才能既消灭剥削、防止两极分化、缩小贫富差距，又能克服个体碎片化农业所具有的收益低、抗风险能力差的弊端。如何通过整村帮扶，使经济相对薄弱村走出困境是实现地区整体发展的关键，既是我国乡村振兴的巨大挑战，也是乡村振兴的基础。

一、我国农村集体经济的发展历程

1. 新中国成立至改革开放前农村集体经济的发展

1949年新中国成立后，中国共产党开始带领全国人民寻找摆脱旧中国贫穷落后面貌的新路径。1950年，全国上下开始推行农村土地改革，将封建地主的土地分给农民个体，农民获得了土地，从此成为了土地的主人；到1953年春天，土地改革基本完成。土地改革极大地调动了农民生产的积极性，解放了农村生产力，为农村集体经济的发展奠定了基础。同时，这也标志着土地私有制的产生，并表现出了其存在一定的局限性，如生产规模小，生产效率低；生产方式单一，抗风险能力弱；资源利用不充分，经济效益低。所以，为了克服小农生产的不足，适应当时社会和经济发展的需要，1953年毛泽东提出了社会主义三大改造，即由中国共产党领导的对农业、手工业和资本主义工商业三个行业的社会主义改造，把生产资料私有制转变为社会主义公有制的任务。

在1953—1956年三大改造时期，我国农村集体经济的发展经历了从互助组到初级社再到高级社三个阶段。互助组和初级社阶段主要是通过农民自愿联合、共同劳动的方式，实现土地等生产资料的合作共享，提高农业生产效率。高级社阶段是在互助组的基础上进一步扩大规模，将土地等生产资料归集体所有，实行统一经营和管理，提高了农业生产的规模化程度。通过这种按部就班、循序渐进的方式，有效地促进了土地个人所有向集体所有、小农生产经济向集体经济的转变，不仅突破了小农经济生产的发展困境，提高了社会生产力，也改变了我国的经济结构，为我国社会主义现代化建设打下了坚实的基础。

1958年8月在北戴河召开的中央政治局扩大会议上，通过了《关于在农村建立人民公社问题的决议》（简称《决议》），正式决定在全国农村中建立人民公社。《决议》指出，“人民公社将是建成社会主义和逐步向共产主义过渡的最好的组织形式，它将发展成为未来共产主义社会的基层单位”，并宣布“共产主义在我国的实现，已经不是什么遥远将来的事情了，我们应该积极地运用人民公社的形式，摸索出一条过渡到共产主义的具体途径”。《决议》下达后，把人民公社化运动迅速推向高潮。在不到两个月的时间里，全国农村建立不到两年的高级农业合作社多数被人民公社所代替，全国农村实现了人民公社化。

人民公社的基本特点被概括为“一大二公”。所谓“大”，就是规模比农业生产合作社大，基本上是一乡一社，甚至数乡一社。所谓“公”，就是生产资料公有化程度高。1958—1978年，在人民公社存在的二十年期间里，由于过度地强调发展规模和发展速度，这种生产模式造成国民经济比例严重失调，生态环境遭到严重破坏，也极大地打击了农民生产的积极性，在很大程度上阻碍了农村集体经济的发展。

2. 改革开放至党的十八大时期农村集体经济的发展

1978年12月，党的十一届三中全会召开，改革开放如雨后甘霖，浸润着中国的广袤大地。新思想、新理念对我国农村集体经济的发展也提出了新的方向。安徽省凤阳县小岗村农民率先实行家庭联产承包，以此为起点，中国农村纷纷开启以家庭联产承包责任制为主体的经济制度探索转型。1982年，改革开放后第一个关于“三农”工作的中央一号文件《全国农村工作会议纪要》正式出台，明确指出：“目前实行的各种责任制，包括小段包工定额计酬，专业承包联产计酬，联产到劳，包产到户、到组，包干到户、到组，等等，都是社会主义集体经济的生产责任制。”建立以家庭联产承包责任制为主要形式的农业生产方式，开启了公有制为主体、多种所有制经济共同发展的新格局。

1998年10月，党的十五届三中全会通过的《中共中央关于农业和农村工作若干重大问题的决定》也指出了“实行家庭联产承包责任制，废除人民公社，突破计划经济模式……解放和发展了农村生产力，带来了农村经济和社会发展的巨变”。以“家庭承包经营为基础、统分结合的双层经营体制”的农村集体经济形式是在稳定土地承包关系的基础上，为解决一家一户难以解决的产前、产中、产后的一系列困难，根据实际需要和村民意愿，把家庭分散经营与村民互助合作有机地结合起来的一种经营形式，不仅合理地解决了人民公社时期所遗留的历史问题，也创新了农村集体经济实现形式，推动了农村集体经济的发展壮大。同时在这一时期，农村集体经济的重要组成部分——乡镇企业发展迅速，为农村经济发展提供了新的动力源泉。

3. 党的十八大以来农村集体经济的发展

党的十八大以来，中国农村集体经济进入了创新阶段。以习近平同志为核心的党中央对农村集体经济的改革发展给予了高度重视，政策上也给予更多的倾斜，国家每年发布的中央一号文件持续围绕着“三农”的主题展开，对农村集体经济实现形式的改革创新进行积极探索，各种各样的集体经济组织形式也不断涌现，如家庭农场、新型合作社、股份合作制、村企联营、农业社会化服务等。

2012年，中央一号文件《关于加快推进农业科技创新持续增强农产品供给保障能力的若干意见》强调“要培育和支持新型农业社会化服务组织，为壮大农村集体经济，探索有效实现形式，增强集体组织对农户生产经营的服务能力”，为我国农村集体经济的发展指明了方向，为农民权益的维护提供了政策支持。

2014年，中央一号文件强调要“深化农村土地制度改革。在落实农村土地集体所有权的基础上，稳定农户承包权、放活土地经营权”。具体来说，就是在落实农村土地集体所有权的基础上，稳定农村土地承包关系并保持长久不变，在坚持和完善最严格的耕地保护制度前提下，赋予农民对承包地占有、使用、收益、流转及承包经营权抵押、担保权能。“三权（所有权、承包权、经营权）分置”是农村改革继家庭联产承包责任制之后的又一重大制度创新。在“三权分置”与“统分结合”的背景下，土地生产资料的集中、规模化流转，为实现农业规模经营打下了基础。

2015年、2016年，党中央相继制定相关文件分别指出要稳步推进农村集体产权制度改革。“探索农村集体所有制有效实现形式，创新农村集体经济运行机制”“构建归属清晰、权能完整、流转顺畅、保护严格的中国特色社会主义农村集体产权制度”。这些均强调了农村集体产权制度改革工作对于发展农村集体经济的重要性。2017年，党的十九大报告强调，要通过协调推进精准扶贫、乡村振兴进而促进农村集体经济的发展。2018年，中央一号文件指出要“鼓励支持各类市场主体创新发展基于互联网的新型农业产业模式”。2019年，《中共中央 国务院关于建立健全城乡融合发展体制机制和政策体系的意见》在人才机制、成员权利、运行机制、资本引进和土地政策等方面对农村集体经济的发展作出了明确的指示。

党的二十大报告指出，要巩固和完善农村基本经营制度，发展新型农村集体经济，发展新型农业经营主体和社会化服务，发展农业适度规模经营。2022年12月27日，第十三届全国人民代表大会常务委员会审议的《农村集体经济组织法（草案）》，对农村集体经济组织的成立、合并、分立等问题进行了明确，对农村集体经济组织的组织机构进行了规范，并对集体财产进行了依法管理，对纠纷的解决方式和法律责任进行了界定，加强了对农村集体经济组织成员合法权益的保护。2023年，中央相关文件对于发展新型农村集体经济，提出了主要的四种方式：资源承包、物业出租、居间服务、资产入股，为农村集体经济的发展进一步扩宽思路。

现阶段，我国农村集体经济的发展呈现出积极向好的态势，经济总量明显增长，经济结构得到优化、农民生活水平极大提高以及农村社会治理体系逐渐完善等方面就是最好的体现。但是当前城乡发展仍然存在不平衡，城乡居民之间的收入仍然存在着较大的差异，必须不断增加农民收益，不断发展壮大农村集体经济，不断探索多元化的新型农村集体经济发展方式。

二、发展壮大集体经济是实施乡村振兴战略的必由之路

实施乡村振兴战略，是党的十九大作出的重大决策部署，是决胜全面建成小康社会、全面建设社会主义现代化国家的重大历史任务，是新时代做好“三农”工作的总抓手。发展壮大村级集体经济是强农业、美农村、富农民的重要举措，是实现乡村振兴的必由之路。

1. 发展农村集体经济是引领农村实现共同富裕的重要途径

我国是一个农业大国，农村人口占比达70%，农业始终是我国发展的基础和根本，农业强和农民富对维护社会稳定和国家安定具有十分重要的意义。

习近平总书记在《摆脱贫困》一书中就曾提出，加强集体经济实力是坚持社会主义方向、实现共同致富的重要保证。集体经济是农民共同致富的根基，是农民走共同富裕道路的物质保障。集体经济健康发展了，不但可以为农户提供各种服务，还可以发挥调节作用，防止两极分化。

农村集体经济通过组织农民进行规模化、集约化经营，可以提高农业生产效率和质量，增加农民的收入。同时，通过集体经济的收益分配，为农民提供更多的就业机会和创业平台，促进农民增收致富。

家庭联产承包责任制的实行在一段历史时期内，取得了瞩目的成绩。但是随着农村经济改革的推进，这种以家庭为单位的分散生产无法形成规模效益，对农业产业化、组织化的发展形成掣肘，并且竞争力薄弱，抗风险能力差，农民的利益无法得到保障。而且以家庭承包经营为起点，农业经营形态经历了从“家家包地、户户种田”到“流转集中、规模经营”、从社区集体经济组织提供服务到多元主体提供服务的演变，在我国农业向商品化、专业化、现代化发展的新时期，发展新型农村集体经济更加适应市场的变化和需求。农村集体经济是以集体力量来应对市场的激烈竞争和挑战，既能凝聚广大农民群众，又能有效衔接市场，还能提高农业生产力，增加农民经济收入。因此，发展壮大新型农村集体经济是增加农民收入、缩小贫富差距、实现共同富裕的重要路径。

2. 发展农村集体经济是促进城乡融合发展的必由之路

建立健全城乡融合发展体制机制和政策体系，是党的十九大作出的重大决策部署。改革开放后特别是党的十八大以来，我国在统筹城乡发展、推进新型城镇化方面取得了显著进展，2021年年末，我国常住人口城镇化率为64.72%，东部发达地区部分地方的农业农村已经实现了现代化。但城乡要素流动不顺畅、公共资源配置不合理，城乡二元结构依然没有破解。重塑新型城乡关系，走城乡融合发展之路，促进乡村振兴和农业农村现代化是党和国家在“三农”问题上的政策主张。

乡村与城市的发展之间最明显的差距是基础设施和公共服务。解决这些问题最有效的途径就是发展壮大村级集体经济，增强基层组织自身造血功能，激活农村发展内生动力。发展农村集体经济，能够为农村政治经济文化建设提供强大的物质基础，完善农村的公共服务，加强农村教育文化卫生建设，提高农民群众的文化素质，树立健康文明的生活方式和新的精神风貌；可以带动农村产业升级和结构调整，促进农村与城市之间的交流合作，推动城乡一体化进程；通过加强城乡之间的资源共享和优势互补，缩小城乡差距，实现城乡协调发展。

3. 发展农村集体经济是提升农村基层党组织战斗力的重要保障

“三农”工作千头万绪、任务艰巨，涉及众多部门，既需要分兵把口，更需要统筹协调，形成整体合力。只有加强党委统一领导、党委农村工作部门统筹协调，才能更好地发挥我们的政治优势和制度优势。党的基层组织是党在农村的基石，承担着治理基层的重大责任，其组织力、服务力、领导力和监督力的强弱直接影响到党的执政能力。发展壮大农村集体经济，是直接关系到农村基层党组织各项功能展开的重要基础，对于增强农村基层党组织的战斗力和凝聚力有着重要作用。

通过发展农村集体经济，帮助农民增收致富，可以增强党的基层组织的凝聚力，提高党员的积极性，发挥了党的基层组织的战斗堡垒作用。党的基层组织要发挥好党的政策的宣传、贯彻、落实的作用，为农民提供优质的服务。通过发展农村集体经济，可以为农民提供更多的就业机会，提高农民的生活水平，从而提高党的基层组织的服务能力。党的基层组织要发挥好党的领导核心作用，引导农民走向共同富裕。通过发展农村集体经济，可以实现资源的优化配置，提高农村地区的经济效益，从而提高党的基层组织的领导力。党的基层组织要发挥好党的纪律检查作用，保持党同人民群众的血肉联系。通过发展农村集体经济，可以加强对农村地区的资源、资金、项目等方面的监管，防止腐败现象的发生，从而提高党的基层组织的监督能力。

努力发展壮大村镇集体经济，增强农村集体经济实力，是强化以党组织为核心的农村基层政权组织凝聚力、增强战斗力的有效途径，只有把农村经济水平发展好，提高村民的生活幸福感，才能真正获得广大基层群众的拥护和支持，真正实现和加强党对农村工作的领导。

三、新时代农村集体经济发展的新机遇

近年来，随着农村经济改革的推进，市场经济对农村发展的影响越来越大，为适应各种改革举措带来的冲击，农村地区不断创新经济发展模式；加之社会进步与科技发展，新时代为我国农村集体经济带来了前所未有的发展机遇。同时，国家从各个层面出台相关扶持农村集体经济发展的政策，旨在通过政策引导、金融支持、项目带动等方式，推动农村集体经济的发展。尤其是乡村振兴战略的指引，农村集体经济正逐步实现从传统模式向产业化、现代化方向的转型，展现出强大的生命力和巨大的发展潜力。

1. 社会主要矛盾的变化对发展农村集体经济提出新要求

2021年1月，习近平总书记在省部级主要领导干部专题研

讨班重要讲话中指出，党的十八大以来，在新中国成立后特别是改革开放以来我国发展取得的重大成就基础上，党和国家事业发生历史性变革，我国发展站到了新的历史起点上，中国特色社会主义进入了新的发展阶段。中国特色社会主义进入新时代，我国社会主要矛盾已经转化为人民日益增长的美好生活需要和不平衡不充分的发展之间的矛盾。中国社会主要矛盾的变化是关系全局的历史性变化，对党和国家工作提出了许多新要求。我国的发展从以往的“如何更快发展”转变为“如何更好发展”，人民对生活的追求从“数量”转变为“质量”，人们不仅要满足生活的需要，更要享有美好、优质的物质生活和精神生活。这种要求的提高是在生产生活上对发展质量的追求。

广大农民群众的更高期待意味着需要对农业农村发展提出更高要求。党的十九大报告提出，要坚持农业农村优先发展，按照产业兴旺、生态宜居、乡风文明、治理有效、生活富裕的总要求，建立健全城乡融合发展体制机制和政策体系，加快推进农业农村现代化。这意味着农业的发展不仅仅要注重经济，还要注重乡村的政治、文化、社会、生态环境等各个方面，实现全方位发展。

壮大农村集体经济的过程中，必须坚持公平发展，保障所有农民的合法权益，让所有农民都能分享到集体经济发展的成果，实现共同富裕；要注重技术创新，提高农业生产效率，注重制度创新，建立健全适应社会主义市场经济发展的农村集体经济组织和运行机制；必须坚持绿色发展，保护好农村生态环境，为农民提供美好的生活环境。

2. 乡村振兴战略为发展农村集体经济提供重要指针

乡村振兴战略是习近平同志于2017年10月18日在党的十九大报告中提出的战略。十九大报告指出，农业农村农民问题是关系国计民生的根本性问题，必须始终把解决好“三农”问题作为全党工作的重中之重，实施乡村振兴战略。乡村振兴战略的提出拓宽了解决我国“三农”问题的发展思路，为发展农村集体经济提供了重要指针。

乡村振兴战略明确了农村集体经济的发展定位。在新的历史时期，农村集体经济不仅是农业生产的基础，也是农民增收的重要途径，更是实现乡村振兴的关键力量。这种全新的认识，使得农村集体经济的地位和作用得到了前所未有的提升，为其发展提供了广阔的空间。

乡村振兴战略为农村集体经济的发展指明了方向。一方面，要坚持以农民为主体，推动农村集体经济的民主管理和服务功能；另一方面，要推动农村集体经济的结构调整和优化升级，提高其发展的质量和效益。同时，还要通过深化改革，激发农村集体经济的活力和创新力。

乡村振兴战略为农村集体经济的发展提供了强有力的政策支持。无论是土地制度改革，还是农业产权制度改革，或是农村金融改革，都为农村集体经济的发展创造了有利条件。特别是在土地制度的改革中，明确保障了农村集体经济组织的土地权益，为农村集体经济的发展提供了坚实的基础。

乡村振兴战略强调了农村集体经济发展的多元化路径。不再单纯依赖于传统的农业生产，而是积极引导和支持农村集体经济组织发展多种形式的经营业务，包括农业服务业、农产品加工业、农业旅游业等，这无疑为农村集体经济的发展打开了新的天地。

3. 精准扶贫战略为发展农村集体经济提供重要机遇

2013年元旦前夕，习近平总书记到贫困地区和革命老区河北省阜平县看望困难群众时指出，全面建成小康社会最艰巨、最繁重的任务在农村，没有农村的小康，特别是没有贫困地区的小康，就没有全面建成小康社会。2013年11月，习近平到湖南湘西考察时首次作出了“实事求是、因地制宜、分类指导、精准扶贫”的重要指示。党的十九大以来，以习近平同志为核心的党中央高度重视扶贫工作，要求各级党组织和广大党员干部要把扶贫工作，作为一场攻坚战来开展，确保到2020年我国现行标准下农村贫困人口实现脱贫，确保如期全面建成小康社会，解决区域性贫困问题。

在贫困地区，由于资源有限、经济基础薄弱、市场竞争力不足等问题，个体农户往往难以实现自给自足，更难以实现经济上的脱贫致富。农村集体经济作为贫困地区发展经济的重要依托，能够极大地调动农民群众的生产积极性，扩大农村经济收入渠道，改善贫困地区基础设施建设，增强农村贫困人口的自我发展能力，提高脱贫攻坚的质量和效益，从而实现农村贫困人口由“输血”向“造血”的转变，实现根本上解决贫困地区经济发展困难问题。因此，发展农村集体经济，整合源、发挥集体优势，成为贫困地区实现经济跨越式发展的必然选择。

第二章

理论基础

在新的时代背景下，对农村集体经济发展进行研究，首先应厘清相关概念的界定。随着中国特色社会主义实践的发展，农村集体经济理论也在不断丰富与发展。

一、基本概念界定

1. 集体经济

集体经济概念属于我国经济体制基本概念的一个范畴，集体经济是我国公有制经济市场经济的重要组成部分，是各种生产资料以及其他社会财产为集体劳动者和群众集体所有、劳动组织方式上主要实行共同组织劳动、分配方式上主要实行以按劳分配为主体的社会主义经济组织；集体经济的实质是合作经济，包括劳动联合与资本联合；它体现着共同致富的原则，而且在吸收社会资金、缓解就业压力、增加公共财富等方面有着突出的优越性。需要指出的是集体经济与合作经济的区别，集体经济是从所有制层面来划分，而合作经济是根据组织运行层面来划分，目前合作经济已经成为我国集体经济的一种重要组织形式。

2. 农村集体经济

我国现行《宪法》第八条明确指出：“农村中的生产、供销、信用、消费等各种形式的合作经济，是社会主义劳动群众集体所有制经济。”我国农村集体经济经历了不同的发展阶段，其内涵和特征也在不断丰富和发展，基本可划分为传统集体经济和新型集体经济。传统集体经济是指人民公社时期的集体经济，其本质的特征是财产上的合并，而新型农村集体经济实现形式更加丰富，其中通过培育发展特色优势产业就是发展壮大农村集体经济的有效实现形式。现阶段，农村集体经济本身对应为一种常见的经济组织模式，又名农村集体所有制经济，主要体现为农村集体成员共同拥有生产资料的所有权，共同劳动，共享劳动成果。伴随着市场经济的迅速进步，打破了以往农村集体经济发展格局，分化出多种不同的形式，其中主要涵盖了合作社、股份制和股份合作制。目前，我国有将近三百多万个不同的集体经济组织。

党的十八大以来，习近平总书记曾经针对集体经济理论展开了全面阐述，提出要发展壮大集体经济。总书记关于集体经济发展理论与他在农村工作的经历息息相关，青年时期的总书记在梁家河插队七年，培养了“三农”情怀，为农村工作积累了实践经验；在河北正定县任职的经历，使得总书记对农村工作有了更深刻的认识；浙江任职期间，他在《之江新语》上发表了232篇关于“三农”问题的论述，这些经历为总书记积累壮大农村集体经济理论提供了实践基础。参考社会主义在发展期间的市场经济基本情况，针对如何进一步壮大集体经济，实现农民的共同富裕等问题展开了深入探索，基于此构建了相关的论述与论断，同时完善并且创新了集体经济理论，这对于推动后续的集体经济发展有重要的影响，并且可以加速农业农村的现代化，探索适合我国国情的特色化发展道路。但由于城镇化发展对农村集体经济的发展产生影响，出现了发展不均衡、政策流于形式、管理不善等问题。因此，要发展农村集体经济，必须从实际出发探索行之有效的发展方式。

3. 农村集体经济组织

农村集体经济组织产生于农业合作化运动时期，最初以生产队为单位，对农村土地拥有所有权，是推动农村经济发展的重要载体和中坚力量。它的特点是农民自愿联合、独立核算、自负盈亏，职能是组织农业生产经营及收益分配。家庭联产承包责任制出现后，各级集体经济组织实际上名存实亡，大部分由村民委员会或村民小组代管组织经营管理活动。组织类型这里指的是由人民公社演变而来的，如乡镇成立的集体经济经营公司、联合社，村合作社及股份合作社，新时期还出现了农民专业合作社（企业）、专业农场等。

乡村振兴背景下，农村统分结合的双层经营体制以及农村基层治理体系需要进一步完善，重新定位组织发展，转变管理方式、提高服务水平，重构组织管理体系，引入现代企业管理制度、明确“企业法人”职能。

4. 乡村振兴战略

党的十九大报告中首次提出乡村振兴战略，并指明深入实施乡村振兴是要按照促进农村经济产业兴旺、生态环境优美宜居、乡风文明、治理有效、生活富裕的发展总目标和基本要求，始终坚持新型现代农业体系现代化和农村体系建设优先发展，建立健全城乡融合发展体制机制和政策体系，加快推进农业农村现代化，推进农村资源优势、特色优势加快转化为经济发展效益的综合优势，推进乡村的全面发展，最终实现农村强、美、富的伟大飞跃。

乡村振兴战略在推行的过程中，其阶段性目标：到2020年，乡村振兴要有重要进展，基本形成制度框架和政策体系；到2035年，乡村振兴要取得有效成果，基本实现现代化；到2050年，要实现全面振兴，农业变强大、农村变美丽、农民变富裕。乡村振兴战略作为习近平新时代中国特色社会主义思想的重要组成部分，它的实现路径是产业兴旺、生态宜居、乡风文明、治理有效、生活富裕。“中国强，农业必须强；中国美，农村必须美；中国富，农民必须富”的重要论断，强调让广大农民群众有更多获得感、幸福感、安全感。

二、相关理论基础

1. 集体经济理论

集体经济，也就是劳动者集体一同生产，同时参考按劳分配模式构建的一种经济组织。从其本质特征来看，这也是一种合作经济，涉及不同成员之间的合作关系，但是合作经济并非完全的集体经济，合作经济形式的多样化决定了集体经济不能完全包容合作经济。近年来，集体经济形态发生了变化：实现形式向多样化转变，经营方式向社会化转变，运营体制向资本化转变，管理制度向企业化转变。

2. 公共治理理论

“治理”一词源于20世纪80年代末，最初主要应用于政治学领域，随着时代的发展，其内涵与实践得到了不断的丰富与延伸。从公共管理的角度来说，治理表现为一个上下联动的动态管理过程，政府、市场和社会的有效互动，简而言之，就是通过确立共同的目标，实施对公共事务的管理，目的是建立市场原则、公共利益认同基础上的合作。治理主体层面，主体是多样化的，不仅含有国家政府部门，还包括行业协会、社会组织等；治理依据层面包括国家的立法、社会规范，甚至各主体之间合作协议等；治理方式层面采用非强制、自治、协商等多元化、民主化、市场化的治理方式。

3. 政府职能及其转变理论

政府职能又被称作行政职能，从其特征进行分析，主要涵盖了公共性、法定性和动态性。其中，动态性是指政府职能本身和职能范围应随着社会的发展相应地发生转移与变化。社会环境的变化是导致政府职能转变的外因，国家治理体系现代化要求行政管理科学化则是内因。目的在于充分发挥市场的调节作用，突出政府职能由管理转向服务，进一步营造良好的市场发展环境。

职能的转变：一是从政治统治转向社会管理职能；二是从阶级斗争转向经济建设。

方式的转变：一是从运用行政手段为主向运用经济手段为主转变，由单一的行政手段向经济、法律手段和必要的行政手段相结合转变；二是从微观和直接管理向宏观和间接管理转变；三是从注重计划、排斥市场向计划与市场相结合的方式转变。

4. 激励理论

激励是指持续激发人的动机和内在动力，鼓励朝着所期望的目标奋斗的心理过程。其目的是调动人的积极性，激发人的创造性，发挥人的主动性，挖掘人的潜力，从而提高工作的效率。人的行为是由动机决定的，动机是由需求产生的，由此可见需求是激励的前提。激励从内容上分为物质与精神激励，从性质上分为正、负激励，从形式上分为内、外激励。本文陈述激励理论的目的在于吸引优秀的人才来农村，留住农村人才，提升农村发展软实力。

5. 可持续发展理论

可持续发展是指既能够满足我们当代人的发展需要，又不对我们后代人能够满足其发展需要的经济能力构成直接危害的社会发展，以实现公平性、持续性、共同性为三大基本发展原则。可持续发展理论应用在旅游学上主要体现为旅游生态、旅游实体经济和社会旅游产业的整体可持续发展。其中强调旅游乡村生态的健康可持续发展，主要是强调保护乡村的自然资源和加强乡村生态环境建设，避免过度开发以及对乡村传统文化的破坏。旅游业与经济社会可持续发展理念意在充分强调国民旅游服务质量的持续提高，主要指兼顾生态环境与经济发展，同时提高旅游服务、文化、安全健康等保障，避免片面追求数量增长、速度提升，忽视质量提高和效益增强。旅游社会可持续发展提倡开展旅游活动的过程中不仅要满足游客需求、创造经济利益，同时也应注重旅游地当地居民的生活质量、生活环境、文化素质等提高，最终创造出一个文明和谐、安居乐业的社会环境。

6. 共享发展理念

党的十八届五中全会首次提出共享发展新理念，这体现了社会主义的共享发展本质，更体现了党和政府为全国广大人民群众谋幸福的坚定决心和强大力量。主要实现途径有4种：第一，全民权利共享，即权利人人共同享有，包含全国城乡居民；第二，全面发展共享，即保障我国人民群众在各经济领域充分享受到的合法权益，并充分享受我国改革开放成果；第三，社会共建发展共享，即我国全民共同投身参与到我国社会主义经济建设当中，共建和发展共享是互相发挥作用的；第四，循序渐进发展共享，即促进共享经济发展是一个长期、艰辛、复杂的经济发展历史过程，需要很长时间，不可贪图一蹴而就。这四个方面是中华民族的智慧结晶。

7. 利益相关者理论

“利益相关者”这一关键词最早出现可以追溯到1984年，由弗里曼提出。利益相关者综合管理实践理论主要是在泛指企业的经营管理者为综合平衡各个利益相关者的利益要求而进行的管理活动。乡村旅游作为经济活动体，其发展与政府、企业、旅游者、居民等很多部门相关联，这些成员在乡村旅游开发中存在着各种利益关系。乡村旅游要实现健康可持续发展，打破其生命周期限制，势必要将各方利益合理分配。只有这样，才能实现乡村旅游的可持续发展，从而实现乡村振兴伟大目标。

8. 产业融合理论

产业融合是指作为一种新的经济现象，使得不同产业之间或者同一产业的不同行业之间不断地扩散和渗透，最终融合为一体，共享发展的现象。产业融合是市场经济、信息技术发展和管理模式的创新和变革的必然结果。产业发展创新论则认为产业融合是指多种不同的产业使用同一技术，导致结构、功能等相似的特征出现在原来毫不相关的产品之间，致使很难分清其具体属于哪一产业产品的现象；产业边界变化论则突出了产业融合的主导因素，认为产业融合是因为产业发展到一定程度而导致不同产业之间的产业边界出现紧缩或者消弭；产业竞争关系论则重点强调了产业融合发生后的结果，产业融合发生后各种不同产业、行业之间壁垒逐渐模糊，原本不同行业之间由非竞争关系转化为竞争关系的现象。

第三章

政策基础

我们党始终高度重视、认真对待、着力解决“三农”问题。特别是党的十八大以来，以习近平同志为核心的党中央坚持把解决好“三农”问题作为全党工作的重中之重，举全党全社会之力打赢脱贫攻坚战，启动实施乡村振兴战略，并将其作为七大战略写进党章。在2020年中央农村工作会议上，习近平总书记明确指出，“从中华民族伟大复兴战略全局看，民族要复兴，乡村必振兴。”这一重大论断，第一次把乡村振兴与中华民族伟大复兴的中国梦直接联系起来，指明了乡村振兴在中华民族伟大复兴进程中的特殊重要地位。

乡村振兴的目标是要实现产业振兴、人才振兴、文化振兴、生态振兴、组织振兴五个方面的全面振兴，具体措施包括强化基础设施建设、加强人才培养、创新农村金融、提高农民收入、改善农村生态环境等。在这一背景下，加强农村集体经济发展成为实施乡村振兴战略的重要内容。创新、发展和壮大农村集体经济对增加农民财产性收入，维护农民合法权益，让广大农民分享改革发展成果，促进巩固脱贫攻坚成果同乡村振兴有效衔接具有重大战略意义。

共同富裕是社会主义的本质要求，是中国式现代化的重要特征。现阶段，实现巩固拓展脱贫攻坚成果同乡村振兴有效衔接是解决城乡发展不平衡问题的关键，也是实现农业农村现代化的迫切需求，更是实现全体人民共同富裕、国家伟大复兴的时代要义。为解决农村集体经济发展不平衡的问题，补齐集体经济发展短板，党和各级政府出台了一系列扶持和壮大集体经济发展的政策措施，以促进集体经济的规范化、市场化和现代化，进一步推动乡村经济的发展和社会进步。

通过开展扶持、壮大集体经济的相关工作，我国探索总结出了一系列集体经济发展的有效路径，农村集体经济活力显著增强。尤其是北京市持续深化农村集体经济薄弱村帮扶专项行动，夯实对接帮扶机制，集体经济薄弱村增收工作成效显著，推动了集体经济可持续、高质量发展，促进农业农村现代化迈出新步伐，为乡村全面振兴、实现共同富裕奠定了坚实的基础。

在国家层面的这些政策文件中，有的明确提出了“发展壮大农村集体经济”，如：2021年1月4日发布的《中共中央国务院关于全面推进乡村振兴加快农业农村现代化的意见》中提到，“2021年基本完成农村集体产权制度改革阶段性任务，发展壮大新型农村集体经济”；《国家乡村振兴局关于落实党中央国务院2023年全面推进乡村振兴重点工作部署的实施意见》（国乡振发〔2023〕1号）中提出，“将发展新型农村集体经济项目纳入巩固拓展脱贫攻坚成果和乡村振兴项目库，通过衔接资金支持脱贫地区农村特别是经济薄弱村培育壮大新型农村集体经济，提升带动群众增收致富的能力和水平”。有的政策文件为发展壮大农村集体经济指明了方向，如：《农业农村部关于进一步做好贫困地区集体经济薄弱村发展提升工作的通知》（农政改发〔2019〕3号）中提到，“加快推进薄弱村集体产权制度改革，积极推广资源变资产、资金变股金、农民变股东改革，实施好薄弱村壮大集体经济试点项目，因地制宜指导薄弱村产业发展，支持薄弱村盘活土地资源，加强薄弱村人才支撑”6项重点工作；《中华人民共和国国民经济和社会发展第十四个五年规划和2035年远景目标纲要》中提到，“深化农村集体产权制度改革，完善产权权能，将经营性资产量化到集体经济组织成员，发展壮大新型农村集体经济”；《中共中央　国务院关于做好2023年全面推进乡村振兴重点工作的意见》中提出，“巩固提升农村集体产权制度改革成果，构建产权关系明晰、治理架构科学、经营方式稳健、收益分配合理的运行机制，探索资源发包、物业出租、居间服务、资产参股等多样化途径发展新型农村集体经济”。

在北京市层面的政策中，不仅提到“大力发展壮大农村集体经济”，还突出了“集体经济薄弱村的帮扶”，如：《北京市农村集体经济薄弱村增收工作实施意见》（京农组办发〔2021〕4号）提出，“‘十四五’期间，按照‘一手抓消除薄弱，一手抓巩固提升’的工作思路，开展农村集体经济薄弱村帮扶专项行动，力争五年基本消除年经营性收入低于10万元的集体经济薄弱村，促进村级集体经济可持续发展”；

《关于做好2023年全面推进乡村振兴重点工作的实施方案》中提出，“持续开展集体经济薄弱村帮扶专项行动，保持现有对接帮扶机制不变并建立长效巩固提升机制，推动‘消薄村’集体经营性收入持续稳定增长”。

具体政策文件摘要见表1至表3。

表1 国家层面政策

政策文件名称	发布时间或发文号	摘要
《乡村振兴战略规划（2018—2022年）》	2018年9月	深入推进农村集体产权制度改革，推动资源变资产、资金变股金、农民变股东，发展多种形式的股份合作。完善农民对集体资产股份的占有、收益、有偿退出及抵押、担保、继承等权能和管理办法。研究制定农村集体经济组织法，充实农村集体产权权能。鼓励经济实力强的农村集体组织辐射带动周边村庄共同发展。发挥村党组织对集体经济组织的领导核心作用，防止内部少数人控制和外部资本侵占集体资产。
《中共中央组织部 财政部 农业农村部关于坚持和加强农村基层党组织领导扶持壮大村级集体经济的通知》	中组发〔2018〕18号	从现在起到2022年，中央财政资金在全国范围内扶持10万个左右行政村发展壮大集体经济，示范带动各地进一步加大政策支持、资金支持和统筹推进力度，除了一些确不具备发展条件的村外，基本消除集体经济空壳村、薄弱村，逐步实现村村都有稳定的集体经济收入，进一步增强村级自我保障和服务群众能力，提升农村基层党组织的组织力。

（续表）

政策文件名称	发布时间或发文号	摘要
《关于开展扶贫扶志行动的意见》	2018年10月29日	因地制宜发展壮大村级集体经济。省一级要制定发展村级集体经济规划，县一级要在逐村分析研究基础上，制定实施方案。乡镇、村党组织要把党员、群众和各方面力量组织起来，多渠道增加村集体经济收入，切实增强村级党组织凝聚服务群众的能力。
《农业农村部关于进一步做好贫困地区集体经济薄弱村发展提升工作的通知》	农政改发〔2019〕3号	加快推进薄弱村集体产权制度改革；积极推广资源变资产、资金变股金、农民变股东改革；实施好薄弱村壮大集体经济试点项目；因地制宜指导薄弱村产业发展；支持薄弱村盘活土地资源；加强薄弱村人才支撑。
《农业农村部关于积极稳妥开展农村闲置宅基地和闲置住宅盘活利用工作的通知》	农经发〔2019〕4号	在充分保障农民宅基地合法权益的前提下，支持农村集体经济组织及其成员采取自营、出租、入股、合作等多种方式盘活利用农村闲置宅基地和闲置住宅。鼓励有一定经济实力的农村集体经济组织对闲置宅基地和闲置住宅进行统一盘活利用。
《中华人民共和国国民经济和社会发展第十四个五年规划和2035年远景目标纲要》	2021年3月12日	深化农村集体产权制度改革，完善产权权能，将经营性资产量化到集体经济组织成员，发展壮大新型农村集体经济。
《中共中央　国务院关于全面推进乡村振兴加快农业农村现代化的意见》	2021年1月4日	2021年基本完成农村集体产权制度改革阶段性任务，发展壮大新型农村集体经济。

（续表）

政策文件名称	发布时间或发文号	摘要
《全力做好“十四五”开局之年财政支农工作助力乡村全面振兴和农业农村现代化》	2021年3月20日	持续扶持壮大村级集体经济，适时研究出台农村集体经济组织财务制度，增强基层党组织的政治功能和组织力，提升村级组织经济实力和服务群众的能力，夯实党在农村的执政基础。
《中华人民共和国乡村振兴促进法》	2021年4月29日	国家巩固和完善以家庭承包经营为基础、统分结合的双层经营体制，发展壮大农村集体所有制经济。 国家加强农业技术推广体系建设，促进建立有利于农业科技成果转化推广的激励机制和利益分享机制，鼓励企业、高等学校、职业学校、科研机构、科学技术社会团体、农民专业合作社、农业专业化社会化服务组织、农业科技人员等创新推广方式，开展农业技术推广服务。
《关于推动脱贫地区特色产业可持续发展的指导意见》	农规发〔2021〕3号	组织农业科研教育单位、产业技术体系专家等开展产业帮扶，继续在脱贫县设立产业技术专家组，积极推动乡村振兴重点帮扶县建立产业技术顾问制度。全面实施农技推广特聘计划，在乡村振兴重点帮扶县探索实行农技推广人员“县管乡用、下沉到村”新机制。
《关于向重点乡村持续选派驻村第一书记和工作队的意见》	2021年5月	推动加快发展乡村产业，发展壮大新型农村集体经济，促进农民增收致富。
《关于做好2022年全面推进乡村振兴重点工作的意见》	2022年1月4日	巩固提升农村集体产权制度改革成果，探索建立农村集体资产监督管理服务体系，探索新型农村集体经济发展路径。

（续表）

政策文件名称	发布时间或发文号	摘要
《农业农村部关于落实党中央国务院2022年全面推进乡村振兴重点工作部署的实施意见》	农发〔2022〕1号	深化农村集体产权制度改革。开展农村集体产权制度改革阶段任务总结，推动表扬表彰先进地区、集体和个人。开展扶持村级集体经济发展试点，推动集体经济薄弱村发展提升。
《中国科协国家乡村振兴局关于实施“科技助力乡村振兴行动”的意见》	科协发普字〔2022〕27号	科协组织要强化团结引领，动员科技工作者积极投身农业关键核心技术攻关、农业产业升级、农业科技成果转化和推广、农业科技普及和农民科技素质提升。乡村振兴部门、科协组织要通过“科创中国”科技服务团等形式，汇聚各领域专家人才群体智慧，围绕巩固拓展脱贫攻坚成果及乡村发展、建设和治理积极建言献策。
《中共中央　国务院关于做好2023年全面推进乡村振兴重点工作的意见》	2023年1月	巩固提升农村集体产权制度改革成果，构建产权关系明晰、治理架构科学、经营方式稳健、收益分配合理的运行机制，探索资源发包、物业出租、居间服务、资产参股等多样化途径发展新型农村集体经济。
《国家乡村振兴局关于落实党中央国务院2023年全面推进乡村振兴重点工作部署的实施意见》	国乡振发〔2023〕1号	将发展新型农村集体经济项目纳入巩固拓展脱贫攻坚成果和乡村振兴项目库，通过衔接资金支持脱贫地区农村特别是经济薄弱村培育壮大新型农村集体经济，提升带动群众增收致富的能力和水平。

表2 北京市层面政策

政策文件名称	发布时间或发文号	摘要
《关于落实农业农村优先发展扎实推进乡村振兴战略实施的工作方案》	2019年5月25日	大力发展农村集体经济。分区研究集体经济发展计划，大力发展绿色富民产业，促进农民持续增收。支持和鼓励农村集体经济组织，利用符合条件的财政资金所形成的资产以及集体土地经营权依法入股、参股农民专业合作社和龙头企业，发展壮大集体经济。探索创新用地方式，在符合规划的前提下，通过镇域或区域统筹集体建设用地指标，依法采取由村集体土地使用权入股、持有异地建设物业的方式，增加集体收入。聚焦集体经济薄弱村，各区制定实施“一村一策”的产业发展及扶持方案，市级财政通过以奖代补方式给予适当奖励。
《北京市农村集体经济薄弱村增收工作实施意见》	京农组办发〔2021〕4号	“十四五”期间，按照“一手抓消除薄弱，一手抓巩固提升”的工作思路，开展农村集体经济薄弱村帮扶专项行动，力争五年基本消除年经营性收入低于10万元的集体经济薄弱村，促进村级集体经济可持续发展。开展精准结对帮扶。
《关于全面推进乡村振兴加快农业农村现代化的实施方案》	京发〔2021〕9号	发展壮大农村集体经济。巩固拓展低收入帮扶成果，对现有帮扶政策分类优化调整，逐步实现由集中资源支持向常态化帮扶、内生发展转变。持续深化农村集体产权制度改革，探索股份退出以及股权继承、转让、抵押担保等后续制度安排。健全完善农村产权流转交易服务体系。鼓励村集体经济组织通过盘活资产资源、提供有偿服务、利用财政扶持形成资产参股入股等多种途径，增加集体收入。扩大新型集体林场试点。实施集体经济薄弱村消除行动，2021年实现200个左右集体经济薄弱村年经营性收入超过10万元。

（续表）

政策文件名称	发布时间或发文号	摘要
《北京市“十四五”时期乡村振兴战略实施规划》	京政发〔2021〕20号	借鉴低收入帮扶工作机制，着力推动帮扶特定群体向提升集体经济薄弱村整体发展能力转变，建立结对帮扶措施，增强集体经济薄弱村的“造血”机能。加大对山区集体经济薄弱村与民族乡村的资金、政策和项目支持力度。开展结对帮扶，推动农村集体经济薄弱村增收，缩小农村内部发展和收入差距，到2025年基本消除经营收入小于10万元的集体经济薄弱村。
《关于做好2022年全面推进乡村振兴重点工作的实施方案》	2022年3月30日	发展壮大农村集体经济。——坚持“抓两头带中间”，总结推广一批集体经济强村发展经验，深化集体经济薄弱村帮扶专项行动，消除100个集体经济薄弱村。巩固拓展“脱低”和“消薄”成果。
《关于做好2023年全面推进乡村振兴重点工作的实施方案》	2023年3月28日	出台农村集体经济高质量发展规划，研究农村集体土地使用权入股负面清单，探索通过资源发包、物业出租、居间服务、资产参股等多样化途径发展新型农村集体经济，严格控制集体经营风险和债务规模。持续开展集体经济薄弱村帮扶专项行动，保持现有对接帮扶机制不变并建立长效巩固提升机制，推动“消薄村”集体经营性收入持续稳定增长。
《北京市乡村振兴责任制实施细则》	2023年7月20日	发展壮大新型农村集体经济，发展新型农业经营主体和社会化服务。 深化农村集体产权制度改革，加强农村集体“三资”管理，发展壮大新型农村集体经济。 引导在京高校、科研机构、智库支持乡村振兴。组织动员城市科研人员、工程师、规划师、建筑师、教师、医生、法律工作者等下乡服务。发挥乡村振兴专家咨询委员会作用，鼓励引导各类专家参与乡村振兴。

表3 北京市农林科学院层面文件

文件名	发布时间或发文号	摘要
《关于做好2021年度农业科技服务奖励评选表彰工作的通知》	京农林科院推字〔2021〕23号	（一）单位奖：以院办公室下发的《北京市农林科学院关于做好2021年工作总结及2022年工作计划的通知》中的科技服务工作总结作为基础材料，突出落实院“京郊篇”等重点服务工作，京郊服务（突出平谷农科创建设、集体经济薄弱村增收）、对口帮扶、京津冀协同、技术培训、人才培养、基地建设等成效。 （二）团队奖：各所（中心）以承担2021年抗疫促生产、集体经济薄弱村增收、科技小院、双百对接等院重点工作实施团队为基础进行申报。 （三）个人奖：各所（中心）优先从开展抗疫促生产、集体经济薄弱村增收、对口帮扶成效显著的院双百对接、科技小院、专家工作站等工作责任专家中进行推荐。

下篇

北京市农林科学院对集体经济薄弱村帮扶模式与理论研究

第四章

北京市集体经济薄弱村经济建设中存在的主要问题

北京市委关于“十四五”规划的建议明确指出：“积极发展集体经济，增强集体经济组织服务能力。”实施乡村振兴战略必须大力发展村级集体经济。由于资源禀赋不同，工业化、城市化进程存在较大差异，目前北京村级集体经济发展还很不均衡。据统计，截至2019年，全市年集体经营性收入小于10万元的村还有834个，主要分布在远郊区，且大部分村年经营性收入均在5万元以下。这些村是北京市实现共同富裕、率先基本实现农业农村现代化的难点所在。它们在经济建设过程中存在一些突出问题。

一、集体产业发展土地资源禀赋不足，资源利用受限

集体经济薄弱村多处于远郊山区或半山区，村庄距离北京城区平均83.17千米。受生态红线、环保红线等多种因素影响，集体资源或资产的开发利用受到多重限制。受自然条件和地理位置限制，土地碎片化严重，可利用的集中连片土地资源

较少，其中一个重要表现是土地流转率低，这一方面导致闲置土地资源无法实现有效整合，难以开展规模化、集约化、现代化的农业经营模式，为农业产业化创造条件，另一方面也使农民无法直接从土地流转中获得可持续的利益分配。权威机构调研发现，在对93个薄弱村的调查中有52个村没有进行土地流转，占被调查村的55.91%，村均农宅闲置率为9.75%。

二、创新意识不强，人力资源匮乏

调研发现，一些集体经济薄弱村创新意识不强，对于发展集体经济的重要性认识不足，普遍缺少发展集体经济产业的思路方法、创新意识和先进的经营管理理念。这些村第一书记派驻比例为52.69%，但在带领发展集体产业方面还存在不平衡的问题，表现为第一书记驻村期限一般为 2 年，作为外来力量，有的难以在短时间内取得村民，特别是村书记的信任，帮扶举措的“造血”功能也很难在短期内建立。薄弱村总体存在老龄化严重、劳动力匮乏的问题。据权威机构对93个薄弱村的抽样调查结果，被调查村60周岁以上老人占比达26.09%，村均农户数为302.9户，村均拥有劳动力数为304.3人，其中，在本村就业的劳动力仅占48.87%，尚不足一半。

三、扶持政策利用不充分，资金使用率低

从上层看，政府扶持资金存在“撒芝麻盐”的现象，扶持力量形不成“拳头”，难以聚焦重点、集中发力；从基层看，有的村集体经济组织缺乏整体计划，未能从实际出发选择

适合的产业，或管理体制机制落后，搞“村自为战”，导致从各部门获得的各项政策、专项资金等使用效率较低，不能有效发挥作用。

四、产业结构相对单一，可持续发展能力弱

部分集体经济薄弱村缺乏可持续发展的支柱型产业，经营性收入多为一次性收取的集体土地、房屋等资产租赁费或其他收入，收入不稳定。有产业的也比较单一，集中在林果业，其收入占集体经营性收入比重为58.02%。村里成立的农民专业合作社也以林果、种植业为主，此类型合作社占各类合作社比重高达84.49%。相当数量的山区农村经济来源依旧是依靠政府补贴，“造血”功能较弱。

第五章

北京市农林科学院帮扶经验

北京市农林科学院是一所业务领域涵盖农林牧渔各方面的综合性科研机构。在自然指数（Nature Index）最新一期的机构/大学的学术排名中，北京市农林科学院综合排名位列省级农科院首位。北京市农林科学院在习近平新时代中国特色社会主义思想指引下，高度重视“引智帮扶”农村集体经济薄弱村工作，积极拓宽方法路径、加强组织保障，为实现村集体、村民、新型农业经营主体共赢，形成带动作用明显的村集体经济提供了“农科智慧”。本书中推介的优秀案例，能从方法上启发思路，从模式上提供借鉴，从实践上引导创新，具有一定代表性和标志性，全面呈现了北京市农林科学院帮扶工作的最新成果，为首都做强集体经济提供了参考坐标，也为北京乃至全国助力帮扶村实现乡村产业振兴提供参考样本。

一、帮扶数据凸显实效

北京市农林科学院围绕集体经济薄弱村产业发展共推广品种162个、推广配套技术69项、物化成果30个，示范面积2 592亩（畜禽1 630只，蜂群80箱），辐射带动面积3 857亩

（畜禽3 000只，蜂群500箱）。组织开展各类技术培训，现场观摩量超过3 000人次，线上收看人群超过3万人次；培训基层骨干技术人员1 526人次。通过帮扶结对，集体经济薄弱村获得直接经济效益551万元。涌现出了瓦官头村百合产业、局里村京香小白梨产业、北店村科技小院、黑山寺科技小院、石峡村农产品与当地旅游文化融合等一系列典型案例，引起了广泛的社会反响和赞誉。

二、帮扶经验与做法

1. 以产业提升为重点，开展技术帮扶

农村集体经济薄弱根本在于缺乏有效的产业支撑。产业带动是帮扶方式中最具生命力和持续力的帮扶方式，产业发展是推动消薄攻坚及乡村振兴的关键和动力源。北京市农林科学院各所（中心）协助集体经济薄弱村构建农产品生产、乡村旅游等融合型产业，增强村集体“造血”功能。林业果树研究所13人对接密云、延庆、怀柔、平谷、门头沟等区9个乡镇的14个集体经济薄弱村，引进李子、核桃、观赏南瓜等果树、蔬菜新品种16个，推广京香小白梨配套栽培技术、林下林粮等新技术6项，试验示范面积110亩，改善品种老化问题，提升本地的农业生产能力；帮助建立板栗古树文化园，制定科学的保护方案，不仅使古树群落得到良好保护，更以此探索乡村旅游路径，帮助当地发展休闲观光农业。畜牧兽医研究所为平谷区刘家店镇凤落滩村和镇罗营镇清水湖村组织开展林下生态放养北京油鸡项目，积极构建林下经济集体产业。植物保护研究所

为薄弱村引进优良品种（早熟蟠桃瑞蟠25号和中熟油桃瑞光55号）的桃树苗，并为村里引进绿翡翠黄瓜、国福910牛角椒、中型贝贝南瓜和甜蜜1号南瓜，完成了林下玉木耳、黑木耳和榆黄菇的菌棚搭建及种植。草业花卉与景观生态研究所在桃园引入甜糯玉米、芍药、菊花、百合、郁金香等经济作物，协助集体经济薄弱村发展林下经济，探索林下复合种养模式，壮大村集体收入。蔬菜研究所为石峡村提供育苗服务，如茄果类4 000株（如京旋2号螺丝椒、浙粉702番茄、国福910牛角椒、杭椒、京茄黑宝圆茄），韭菜5 000穴（每穴15株），金叶甜菜5 000株，紫叶甜菜5 000株，羽衣甘蓝2 000株，番杏200株，芦笋1 500株，紫苏1 000株；提供了多种可直播的蔬菜种子（如荷兰龙妃架豆、甜蜜1号南瓜、早熟京红栗南瓜、铁心冬瓜），同时提供相应的蔬菜技术咨询服务。蔬菜研究所助力石峡村将农业与旅游业相结合，在农产品中融入石峡村的旅游文化，使农产品不仅出现在餐桌上，还出现在精品民宿、图书馆、旅游景点等诸多地方。提供的金叶甜菜、紫叶甜菜、羽衣甘蓝等赏食两用蔬菜品种及芦笋、番杏等保健蔬菜，增加了该村蔬菜品种特色。

（1）瓦官头村百合产业发展

草业花卉与景观生态研究所张秀海团队针对平谷区大华山镇瓦官头村发展林下种植的需求，多次组织专家到村委座谈，实地考察选址，确定帮扶工作方案，积极帮助村集体撰写项目实施方案。经过与村委沟通，围绕80亩桃新优品种展示园，建设林下经济综合示范园。引入花卉企业，在瓦官头村开展郁金香、观赏葱、葡萄风信子的种球繁育工作，企业负责种球回收，目前已经种植30亩。2022年种植食用百合30亩，开展林下食用菌养殖和特菜种植20余亩。引入企业开展合作，实现科技赋能与文旅融合的高度统一，解除村集体的销售之忧。通过专家的帮扶，瓦官头村新优花卉品种顺利引种，做到三季有花，结合大桃种植和采摘，创造新的经济增长点和旅游热点，延长休闲旅游时间，实现村集体经济的良性发展。

（2）果树团队助力对接村果品产业提升

林业果树研究所杏李研究室专家王玉柱研究员对接了密云区东邵渠镇石峨和延庆区大庄科乡东太平庄两个村，先后4次去石峨村进行技术指导。每次去现场指导技术都有超过50人的果农参加，而且还进行网络直播（图5-1）。他为当地推广了高垄覆膜排水技术、李子优质稳产管理技术、李子病虫害防控技术，以及李子新品种介绍与引进。果农给予了高度评价，送来“传业解惑科技助推产业发展，爱心助农智慧撒满田园林间”的锦旗，以示帮扶工作的感谢。

图5-1　延庆区大庄科乡东太平庄村杏夏季修剪的现场培训

梨研究室刘军副研究员对接怀柔区九渡河镇局里村，与村里签订了服务协议。团队成员先后7次到基地调研林果产业的基本情况，观察、测定了京香小白梨的果实品质和生长结果习性，多次组织村干部和技术骨干赴平谷区金海湖镇茅山后村京香小白梨生产基地观摩、学习。通过与佛见喜梨的比较及与茅山后村干部的交流，明确了京香小白梨的产品定位和今后的发展方向（图5-2）。帮扶专家还就京香小白梨种植中存在的问题、帮扶需求与局里基地人员进行了座谈，并开展了整形修剪、病虫防治技术指导，帮扶工作受到当地干部和村民的充分肯定（图5-3）。

图5-2　京香小白梨

图5-3　怀柔区九渡河镇局里村技术指导

板栗研究团队程丽莉副研究员充分发挥研究优势对接密云沙厂村。沙厂村是传统板栗产区，种植面积3 000余亩，由于多年疏于管理，低产低效现象严重。与村委会对接后，目标建设高效丰产示范园1个，对周边产区起到示范带动作用。

根据需求，农民板栗技术培训2次，累计61人次，培养技术骨干2人。同时，对20亩低产园改造实验，包括引进早熟、耐旱、丰产新品种4个，以及嫁接技术、高效肥水、整地覆盖（图5-4）、冬夏季整形修剪（图5-5）4项配套技术的推广示范（图5-6、图5-7、图5-8），力求实现板栗种植环节提质增效。目前，换优大树接后管理技术全方位配套，处于树势恢复、产量恢复期；部分不适于改接大树，树上修剪打开光路、树下管理保水保墒，树势及产量品质得到恢复，试验树树冠垂直投影面积产量达到167.8克/米^2，增产增收效果明显。

图5-4　栗园地布覆盖

图5-5　板栗扭梢

图5-6　“黑山寨7号”板栗短雄花性状和果实

图5-7 “燕山早生”板栗

图5-8 “燕昌早生”板栗结果枝和果实

帮扶专家针对密云区溪翁庄镇石墙沟村主导产业（核桃、板栗和枣）效益低的现状，通过全年为该村开展核桃、枣和板栗等经济林树种低产树改良、轻简化修剪、病虫无公害防治，助力该村果品产业全面提升。前几年，石墙沟村核桃病虫害严重，大量落果，严重影响经济效益，村民甚至放弃了对核桃的管理。2022年在调研该村产业现状之后，帮扶专家团为石墙沟村制定了集体经济增收工作目标及方案，为村民编写了核桃、板栗和枣树周年管理工作历（图5-9、图5-10、

图5-11），并为村里引进早熟板栗品种“3113”，以及“京枣28”“京枣39”“京枣60”“平安葫芦枣”“水枣”“京玉2号”6个优良鲜食枣品种（图5-12、图5-13、图5-14、图5-15、图5-16），提供了4 000余根板栗和枣接穗，对原有低产劣质板栗、枣树及山地野生酸枣进行合理改造。改接面积10余亩，成活率达90%，枣树当年即可结果。村民对引进的枣品种很满意，并希望专家提供更多接穗。

图5-9　密云区溪翁庄镇石墙沟村实地调研

图5-10　密云区溪翁庄镇石墙沟村实地调研和指导

图5-11　密云区溪翁庄镇石墙沟村核桃病虫害防治指导

图5-12　“京枣28”

图5-13　“京枣39”

图5-14　“京枣60”

图5-15　“平安葫芦枣”

图5-16 “水枣”

针对该村果树病虫害严重的情况，帮扶专家配送过氧乙酸、石硫合剂、多菌灵和碱式硫酸铜等药品800多瓶，并传授高效治理技术，辐射示范核桃面积1 300余亩。使用过氧乙酸治疗核桃树干腐烂病效果显著，2022年全村核桃黑斑病发病率比2021年降低80%，黑心病发病率降低60%；青皮核桃产量达40余万千克，打破了近10年最高产量纪录；板栗3.5万余千克，达历史最高纪录。采收的青皮核桃销售价格为2.8元/千克，脱皮后销售价格达16～20元/千克。

（3）京科系列玉米助力西胡林村产业发展

门头沟斋堂镇西胡林村是典型的软弱涣散村，各种因素让进村开展科技帮扶工作难度加大。2021年4月，村级党组织换届，选举产生新一届党支部书记。一切从头开始，从陌生到熟悉，从不配合到信任，帮扶专家克服困难将工作落到实处。

西胡林是典型的深山村，在不堵车情况下，驾车从西胡林到市中心需要3.5个小时，距离不占优势，产品就地消化是最佳的方案。出人意料的是，“农科糯336”（图5-17）做到了，它凭借出色高端品质让人们的味蕾得到了极大满足，更愿意花钱去购买。如今，全村近400亩耕地全部种上了“京科”系列玉米，大田玉米高产、抗倒，优质好卖粮让老百姓连连叫好！“不用翻山越岭运出大山，鲜食玉米成了香饽饽，镇上的人都过来抢着买”“为啥我村的鲜食玉米这么好卖？现在都知道是北京市农林科学院的品种，吃过了的都说特别好吃。现在卖到1.5元/穗，每亩地能卖出4 000多块钱，这个价钱是之前不敢想的”“必须种农科院的好品种”，这是新上任的村党支部书记石曾光的讲述。

图5-17 “农科糯336”玉米

2021年，经过专家指导，全村300亩耕地全部种上了“京科968”“NK815”。山坡无浇水条件，种植“京科968”发挥其耐干旱、抗病虫、高产优质特点，即便在不浇水、每亩仅施用15千克磷酸二胺的情况下，亩产也达到了600千克。平原大田地种植“NK815”，发挥其耐密抗倒、高产优质突出优势，雨养旱作，最高产量达到了850千克。对于西胡林而言，“京科968”创造了山坡地的高产新纪录，“NK815”创造了村里大田玉米的高产新纪录。京科系列玉米在西胡林村的推广，凝聚了北京市农林科学院玉米研究所专家的心血，也为西胡林村产业升级和集体经济发展提供了科技支撑，科技帮扶见实效。

（4）品种更新助力谷子杂粮产业发展

北京属于春夏谷种植交界地区，怀柔当地山区农民以春播为主。2020年春，经生物技术研究所帮扶专家与当地合作社负责人沟通，了解到合作社对谷子品种类型不太了解，于当年春天准备了部分白地用于谷子春播，随即向合作社推荐了抗病、优质的新品种“冀谷39”用于晚春播（图5-18）。还了解到合作社有大面积冬小麦种植，考虑到北京的积温能够满足一年两茬作物的需求，为合作社选择了早熟高产的新品种“冀谷41”用于麦收后夏播，进行麦谷轮作（图5-19）。

图5-18　2020年指导合作社春播“冀谷39”

图5-19　2020年指导合作社夏播“冀谷41”

2021年合作社流转了大量退林复耕土地，由于地力较差，不适合种植玉米等主粮。生物技术研究所专家向合作社示范推广了新育成的抗病、优质、高产谷子新品种——“京谷2”“京谷3”“京谷4”“京谷5”（图5-20）。其中，“京谷2”“京谷4”早熟，可麦收后种植麦茬谷；“京谷3”“京谷5”优质、高产，适宜晚春播种。2022年合作社全部种植麦茬谷（图5-21）。

图5-20　2021年指导合作社在退林复耕地块种植谷子

图5-21　2022年指导合作社种植麦茬谷

帮扶专家定期赴合作社开展现场技术培训及咨询服务，邀请北京市农业技术推广站、北京市农学会等单位专家进行技术咨询（图5-22），及时组织项目科研人员、合作社管理人员、技术骨干等进行谷子轻简化生产技术观摩培训（图5-23）。通过三年种植季的示范推广，该合作社已经掌握了谷子轻简化栽培技术要领，合作社技术人员科技能力水平得以提升，并获得良好的经济收益。合作社三年谷子平均亩产206千克/亩，每产值1 030元/亩，每亩节省劳力4～6个；三年累计总收益61.8万元，节省劳力支出36万元，带动了合作社的农户节本增收，促进了怀柔区谷子杂粮产业的发展。

图5-22　北京市农业技术推广站和北京市农学会专家现场指导与观摩

图5-23　怀柔区北房镇谷子轻简化生产联合收割机收获作业

（5）优新品种示范推广促进蔬菜产业提升

蔬菜研究所帮扶专家结合集体经济薄弱村所在区（县）的农业整体规划和各村的具体情况，有针对性地示范推广了蔬菜优新品种30多个。

延庆石峡村：该村以特色蔬菜为主、常规蔬菜为辅。帮扶专家在石峡村示范推广了金叶甜菜、紫叶甜菜、彩色羽衣甘蓝、番杏、芦笋、紫苏、韭菜、荷兰龙妃架豆、甜蜜一号南瓜、早熟京红栗南瓜、铁心冬瓜、京旋2号螺丝椒、浙粉702番茄、国福910牛角椒、杭椒和京茄黑宝圆茄16个品种。

延庆大石窑村：帮扶专家示范推广了京茄黑宝、京玉番茄、杭椒、京秋4号白菜、京研紫色小白菜、京研紫色小油菜、京脆系列萝卜等蔬菜品种，并示范推广了玉米研究所培育的京科25、京科糯336鲜食玉米品种。

密云北穆家峪村：该村以高品质番茄、特色叶菜和瓜类种植为主，帮扶专家示范了四季快菜、春油一号、绿如玉绿萝卜、紫花3号、京莲红3号、京菠186、京番308、黑龙王、京美4k、生菜等优新蔬菜品种14个，菊苣、芥菜、芝麻菜、红芹等特菜品种18个。结合村内新建柔性日光温室，示范了封闭式基质栽培技术（图5-24、图5-25）。

图5-24　封闭式基质栽培

图5-25　封闭式基质栽培技术示范

密云沙峪沟村：该村均为露地蔬菜种植，帮扶专家示范推广了京秋4号白菜、满堂红萝卜、捷美1410白萝卜、京菠208、京秀西瓜、绿宝薄皮甜瓜、根甜菜、联丰90胡萝卜、紫胡萝卜、京绿芦1号和京紫芦1号共11个蔬菜品种。

密云西穆家峪村：帮扶专家示范推广了京彩8号番茄和京番309番茄品种。

蔬菜新品种的示范推广，使原来空闲或林下每亩地的收益达4 000元左右，经济效益提高了40%以上。不仅增加了帮扶村的收入，还带动了周边村民蔬菜种植的积极性。

（6）以特色产业带动村经济发展

密云巨各庄镇查子沟村主导产业为板栗，在林业果树研究所板栗研究室兰彦平研究员的带领下，帮扶专家团队对该村50亩高接换优的板栗示范园进行了整形修剪、病虫害防治等技术培训与指导（图5-26）。通过对该村麻核桃及文玩核桃楸资源的调查（图5-27），初步筛选出1个具有开发和市场前景的特异麻核桃资源——查子沟1号（图5-28）。通过与村及镇有关部门商讨，该村拟以本地稀有的麻核桃为主，适量引入市场前景好的小众麻核桃，建立特色文玩核桃基地，打造“一村一品”，使特色文玩核桃成为带动村经济、社会和生态发展的新引擎。

图5-26　查子沟村果树修剪及病虫害防治实地指导

图5-27　查子沟果树资源调查

图5-28 “查子沟1号”特色麻核桃

2. 以产业融合为抓手，制定帮扶方案

（1）平谷区山东庄镇桃棚村帮扶方案

数据科学与农业经济研究所陈蕾团队通过对接调研，制定了平谷区山东庄镇桃棚村帮扶方案。一是提供红色旅游与绿色产业发展规划指导，发扬“红谷精神”，坚持红色文化引领，提升人文内涵，坚持生态优先，践行绿色发展。一方面，依托市委组织部和区委组织部力量，通过北京党员教育网进一步加大桃棚村红色教育资源的宣传推广力度（图5-29、图5-30）；另一方面，依托北京市农林科学院专家资源提供绿色产业发展规划指导，联络规划专家协助对接村开展山谷开发规划制订。二是助力高端民宿产业建设，挖掘桃棚村红色历史文化，主打以文化体验为核心的“慢生活高端民宿村”，以民宿产业基础为优势，进行乡村休闲旅游业等数字化改造，深度融合数字兴

业、数字治理、数字服务。策划开发“数字桃棚”掌上便捷应用，包括游客服务小程序、停车管理系统、一户一码档案系统、用户评价、游客热力图等模块，助力民宿旅游数字化推广。三是开展民宿培训与游客体验活动指导，通过“线上+线下”的方式，定期组织专家开展民宿培训，以现场授课与实地指导的方式，帮助农户解决民宿与民俗旅游过程中遇到的实际问题。同时，针对农户个性化需求开展专项咨询指导。协助村集体，针对节日特点策划系列游客体验活动，打造红色经典游、民俗风情游、乡村民宿游等文旅产品。方案于2022年立项后开始实施。

图5-29　“桃棚印象”专题宣传页面

图5-30 新时代的红色堡垒村宣传片

（2）延庆区张山营镇黄柏寺村帮扶方案

针对延庆区张山营镇黄柏寺村对农业生产技术引进和果品等农产品销售的迫切需求，同时计划发展乡村旅游民宿产业的现状，数据科学与农业经济研究所帮扶专家团队制定了黄柏寺村帮扶方案。一是开展现场培训及技术指导，针对应时应季或规模化的需求，组织专家开展现场培训，通过授课与实操指导的方式，及时解决问题。根据需求，推介并发放优良品种、种苗等材料，促进品种效益提升。针对个别需求，专家进行实地考察，开展咨询指导。二是通过“12396北京农科热线”、QQ群、微信、网站在线答疑、京科惠农头条号、百度知道等多通道便捷的咨询方式，开展远程技术咨询指导和信息服务，同时利用农科小智智能机器人，提供7×24小时农业智能问答服务，可随时随地方便快捷地获得专家的指导信息或进行自主学习，实现广泛对接，促进节本增收。三是在培训和指导的过程中，为农户发放培训材料、服务使用手册、技术指南、信息化产品（如“京科惠农咨询通”）等多种形式的宣传材料（图5-31），使农户能够学会利用现代的多通道服务手段解决自己的生产问题，保障服务的持续开展。四是通过北京农业信息网市场服务栏目为农产品供求信息发布和农产品展示提供服务（图5-32），打通销售渠道，实现节本创收。

图5-31　向果农推广“京科惠农咨询通”信息化产品

图5-32　在“北京农业信息网”开设大桃展示专栏

五是挖掘当地乡村旅游资源，制定发展规划，打造民宿产业。方案于2022年立项后开始实施。

（3）平谷区北四道岭村帮扶方案

平谷区北四道岭村主要种植大桃、梨、核桃等，但存在经营分散、果品优势不突出、经济效益低等问题。并且，该村存在周边资源闲置的情况。数据科学与农业经济研究所帮扶专家团队在调研的基础上，整合当地大桃、香梨、板栗、核桃等产业资源优势，通过构建村集体所有权的大桃、香梨等品牌，挖掘产业优势和方向，打造平谷区镇罗营镇农产品精品品牌，提升产业附加值；并形成收购、分拣、品控、仓储、物流、销售、外宣一条龙的产销渠道。同时，利用村集体所有的宅基地和闲置土地，发展高端民宿和休闲农庄，助力村集体经济发展（图5-33）。

图5-33 平谷区北四道岭村调研

为进一步提升北四道岭村特色农产品品牌影响力，帮扶专家团队组织当地合作社参加了由北京市农业农村局主办、北京市农林科学院承办的“北京优质农产品金秋丰收节”活动（图5-34），提高了北四道岭村农产品的知名度，进一步为农产品精品品牌的创建奠定了基础，对助力平谷镇罗营镇北四道岭村集体经济增收具有重要的实际意义。

图5-34　参加“北京优质农产品金秋丰收节”展销活动

（4）平谷区南独乐河镇峰台村帮扶方案

信息技术研究中心帮扶专家团队通过对峰台村进行实地考察，制定峰台村科技帮扶方案。一是更新栽培品种，鲜食玉米、桃、甘薯品种更新20～100亩。二是提升栽培技术信息化水平，基于土壤水盐轮廓线智能节水节肥系统示范应用（墒情、气象、生长监测、自动化灌溉、水肥一体化），提升农业生产科技含量。三是设计峰台村特色农产品品牌2～3个，开发“峰台书法文化”文创产品，提升品牌化、产品化、价值化。四是构建电商服务平台，面向消费端开展数字交互创意设计技术创新集成与应用。五是制定峰台村乡村振兴可实施规划。六是探索“科技促进生产、设计带动消费、平台助力集体经济”模式。

（5）平谷区南独乐河镇南山村帮扶方案

林业果树研究所核桃研究室郝艳宾研究员、陈永浩副研究员，联合平谷区农业农村局果品产销服务中心喻永强高级工程师、杨海青高级工程师等组成科技帮扶专家团队，调研平谷区南独乐河镇南山村的现状，结合该村的发展需求，协商制定了南山村年度集体经济增收工作目标及方案（图5-35）。方案中提出建议进行核桃深加工，打造核桃油品牌。专家团队就核桃油加工工艺技术改进与优化、提高核桃油品质和出油率、多样化的核桃初加工产品方案等问题进行培训（图5-36），并提出丰富核桃产品形

图5-35 平谷区南独乐河镇南山村实地调研

图5-36 平谷区南独乐河镇南山村指导核桃油加工

态、完善产品包装、拓宽销售渠道、实现品牌效应等建议。帮扶专家团队提出的核桃仁液压冷榨制油、核桃粕综合利用技术可以有效提高核桃加工附加值；核桃低温充氮贮藏技术有利于延长核桃油货架期，改善核桃油品质；为合作社制订团购、订单式生产提出了合理化建议，为实现稳定的销售模式，打造平谷区南独乐河核桃油品牌，助力南山村集体经济提升发挥了应有的作用。

（6）平谷区镇罗营镇桃园村帮扶方案

平谷区镇罗营镇桃园村古板栗树资源丰富，但是古板栗群落普遍存在缺乏必要及足够的土、肥、水管理，多数植株存在主干中空或枝杈枯死现象，部分树势较弱的植株受病虫害危害较严重，整体生长状况较差，亟待加强保护。为保护及发展板栗古树资源，帮扶专家团队为桃园村制定了科学的保护方案，制定了松土施肥、填土护根、修剪、分类编号等保护方案，做到“一树一策”，做到每棵树都有具体的保护措施和严格的执行标准，使古树群落得到良好保护，为开发集教育性、趣味性与娱乐性为一体的古树观光项目奠定基础（图5-37）。

图5-37　平谷区镇罗营镇桃园村技术指导

3. 以科技小院为依托，服务村域经济发展

（1）北店村科技小院助力社会化服务

北店村科技小院与平谷区刘家店镇北店村“两委”积极争取桃全产业链社会化组织服务项目试点工作落在北店村，科技小院专家提供全链条技术指导。北店村现种植各种桃树750余亩，种植品种6种，桃农65户，通过宣传协调共组织了13户桃农、44.2亩桃园参加社会化组织的服务。科技小院通过技术研判，建议选择了倒拉枝标准改造中的套袋、除草、销售共3项服务。通过社会组织服务，极大缓解了桃农老龄化和劳动力紧缺特别是超过3亩果园桃农的劳动力紧缺问题。通过网络直播、网络销售等方式助力果农大桃销售、提高果品销售价格、兜底没有销售能力农户，为北店村桃农销售大桃约4.75万千克。同时在北店村东大地和大会战两地块新建高标准果园69.1亩，综合采用科技小院提供的技术规范，引进最优新品种，安装使用病虫害检测系统。病虫害实时监控物联网设备应用了当前最尖端的科技，将病虫情况测报与气象站、远程视频监控系统等有机融合在一起，兼具虫情测报和病害测报的功能。安装水肥一体化设施设备，在提高灌溉用水效率的同时又实现了对灌溉、施肥的定时、定量控制，不仅能够节水节肥节电，并且还能够减少劳动力的投入，降低人工成本。科技小院在北店村新建标准果园将打造高标准果园示范基地，为平谷区打造农业中关村、农业中国芯贡献力量。

（2）黑山寺村科技小院助力美丽乡村建设

黑山寺科技小院以联合国开发计划项目为依托，以密云

区溪翁庄镇黑山寺村为项目实施地，解决村内农业有机废弃物循环利用问题，使村内生活污水净化达到排放新标准要求，在工作中始终坚持生态文明建设优先、美村靓家的“美丽乡村建设”目标。同时，构建以中草药展示园为核心的农林复合示范工程区，种植类型与村内民俗膳食开发精准结合。开展科技大讲堂活动，农业科技助推乡村旅游产业发展。黑山寺科技小院打破以往单一科技为主的推进模式，开创科教小院中的“美丽乡村建设综合服务”模式，为村集体经济发展创造了良好环境。

一方面，开展美丽乡村生态环境治理。一是完善美丽乡村生态环境治理示范模式。进一步完善确保农林废弃物快速腐解的新技术和设备运维，使其轻简化、通俗易懂，发放技术明白纸，通过简单的培训，农民就能够轻松掌握。村内污水人工湿地净水示范区稳定运维。二是乡村生态环境环境保护意识提升。通过科普和技术培训的方式，让库区农民认识农业废弃物循环利用和人工湿地净化生活污水的意义与价值。三是组织示范区观摩学习活动，推广农林废弃物快速腐解技术模式和人工景观湿地生态型净化污水模式。

另一方面，构建乡村农旅融合模式。一是完善美丽乡村景观示范园的种植。在黑山寺村，专家团队通过一年的摸索，积累了适合的中草药、欧李、百合、茶菊等种植技术基础。对于原有的多年生植物进行春季灌水和施肥，同时配置更多新的景观效果好的玫瑰，加大茶、菊、枸杞（茶饮配品）等植物的种植。形成旅游旺季月月有花海的特色景观展示园。二是构建景观示范园发展的长效机制。种植园本身是村内景观，是提升本村旅游知名度的推手，同时生产出来的农副产品，可以打造茶品、特色植物压花等旅游伴手礼。另外，种植园的后期管理选择由村内有经营意愿的民宿经营。科技小院在建立长效机制中，发挥着种植设计和种植技术指导作用，以及伴手礼产品开发技术的引导作用。

4. 启动“电商+”对接，探索扶薄增收新机制

电商帮扶弥补了传统流通渠道的不足，既减少了流通的中间环节，提高了村集体的利润空间，又避免了生产者与消费者之间的信息不对称，实现增收脱薄。

智能装备技术研究中心发挥平谷峪口镇南营村农田土地集中连片的优势，开展“小麦-玉米/百合”数字农场、数字经济和数字乡村轻量集成平台建设等，进而提高村集体和村民收入，形成“旅游+”产业发展模式，打造高品质乡村休闲旅游示范村。信息技术研究中心向村里送去40亩鲜食玉米种子，开展试种工作，通过引进北京市农林科学院自主知识产权的优质玉米种子，探索多渠道电商平台、线上+线下结合方式销售，帮助村集体销售鲜食玉米价值在1.5万元左右；设计大桃包装，开展数字品牌与电商对接工作，销售大桃价值近5万元。为适应电商对接新机制，2022年信息技术研究中心帮扶专家团队通过农科驿站社区团购平台帮助六家店镇北店村销售红肖梨250千克，在农产品电商对接前熟悉探索新机制。

为了推动村特色农产品品牌建设，2022年8—10月信息技术研究中心专家团队与西寺峪村村委会成员多次沟通，明晰了主要经营品类，确定了重点打造小雪花梨的工作目标，并通

过提供农产品追溯技术实现小雪花梨产地追溯（图5-38），进一步对产品标准化分级及包装方案进行设计，并定制实现了1 000个西寺峪村小雪花梨产品包装箱，加强了村特色农产品品牌建设及农产品质量安全保障。下一步还将根据数字农场新优产品、种植工艺和地理标识等特性，针对性设计数字化农产品品牌（包装），开发新媒体资源，对接区域品牌电商平台和主流电商平台，销售农产品，培育乡村振兴新业态，助力村集体经济壮大发展。

图5-38　小雪花梨产地追溯

数据科学与农业经济研究所利用信息技术优势资源，充分发挥农业信息技术、融媒体“互联网+”优势，为帮扶村制定了乡村旅游、林下经济、数字农业等产业帮扶方案，开拓农产品销售线上新渠道。

农产品加工与食品营养研究所根据密云东智东村的特色优势，制定香椿采后商品化处理技术规程，进行香椿采摘后商品化处理技术指导等相关培训，确保产品质量，并为该村引进北京天安农业发展有限公司进行香椿等特色蔬菜的产销对接，免去了村集体对销售环节的后顾之忧，东智东村果蔬产业提质增效明星，经济收入和社会效益显著增加。

林业果树研究所为密云区北庄镇大岭村引进“金如意”“甜红子”优质鲜食山楂品种，还引进山东燚寿果业发展有限公司、承德瑞泰食品有限公司等山楂企业开展对接合作，目前已推出山楂叶茶、花茶、山楂酒等饮品。

为进一步提升大众认可度，由北京市农林科学院信息技术研究中心、北京农业信息化学会和北京农科驿站农业发展有限公司联合举办平谷区刘家店镇丫髻山登山采摘活动——集美景美食亲子采摘于一体的助农活动（图5-39）。活动在增加果农收入的同时，让老人、孩子沉浸式地体验了采摘的乐趣，提升了平谷和平谷农产品的知名度，展示了政府助农的决心。据统计，本次采摘活动共销售100千克油蟠桃，其中蟠桃礼盒18盒，果农收入增加近2 000元。

图5-39 平谷区刘家店镇丫髻山登山采摘活动

积极探索多种营销宣传渠道。2022年7月16日，帮扶专家团队参加乐多港万达广场“宝藏农货计划”（图5-40），线上直播与线下集市相结合，配合官方直播间宣传，线上最高达60 000多热度，反响热烈（图5-41）。

图5-40　参加乐多港万达广场“宝藏农货计划”

图5-41　线上直播与线下集市相结合

2022年8月19日，帮扶专家团队对接航天五院工会，为1 800名职工进行福利发放（图5-42），进一步提升刘家店大桃的知名度和美誉度，以及品牌影响力，帮扶销售，助农增收，壮大集体经济，促进农业增效、农民增收，助推乡村振兴。

图5-42 对接航天五院工会为职工发放福利

5. 智力帮扶输送人才，帮扶薄弱村产业发展

智力帮扶是彻底脱“薄”的重要推手，也是阻断返贫的重要途径。农民技能培训、决策咨询服务等都是为集体经济薄弱村发展提供智力支持、发挥“外脑”和“参谋”作用、提升农民素质的重要手段。信息技术研究中心为延庆集体经济薄弱村制定红色乡村旅游策划方案，内容包括政策背景、旅游市场分析、基础资源分析、项目现状分析、目标定位、空间布局、运营保障等方面，为红色乡村旅游项目的实施以及村集体可持续增收提供了有力的智力支撑。玉米研究所在平谷大兴庄镇东石桥村指导选择种植高端优质鲜食玉米“农科糯336”品种140亩，设计不同播期，制定种植方案并设计、定制了“东石桥村”品牌包装袋，打造个性化品牌，提升农产品附加值。数据科学与农业经济研究所利用“北京农业科技大讲堂”面向集体经济薄弱村，开展林地复耕技术、农村承包土地经营权、

绿色食品认证、鲜食玉米栽培、粮食安全、小麦春季管理等专题直播培训46次，线上收看人群超过3万人次；深入生产基地针对当地个性化的技术需求开展现场培训4次，受众人群达120人次；利用“北京农业科技咨询服务”融媒体平台为当地生产提供实时技术指导，同时邀请专家通过远程方式，为帮扶村讲解了特菜品种特性和栽培技术，推广了北京市农林科学院的优秀品种及相关技术，同时推广了配送了U农果树通、蔬菜通、咨询通等信息化产品，为帮扶村生产提供实时在线的科技服务（图5-43）；在特色产业品牌宣传推广方面，通过新媒体平台，宣传了桃棚村红色旅游、黄柏寺村桃花节文化旅游等特色产业和香梨、板栗、核桃等特色农产品，为帮扶村打开市场，提升品牌影响力搭建平台。

桃树主要病虫害防治历

1、开花前：

①防治蚜虫，选择喷洒10%吡虫啉可湿性粉剂3000倍液；20%啶虫脒3000倍（高温效果好）；有机果园可选择0.36%苦参碱水剂1000倍液；苏云金杆菌悬浮剂(BT杀虫剂)150倍液。

②防治苹小卷叶蛾，喷25%灭幼脲三号1500倍，或20%杀灭菊酯乳油4000倍液。

③防治桑白蚧壳虫，可用硬毛刷或竹片刮掉越冬成虫。

④金龟子防治方法：刚定植的幼树，应用塑料网套袋，直到成虫为害期过后才去除。地面喷药，控制潜土成虫，常用5%辛硫磷颗粒剂撒施3kg／亩，使用后及时浅耙，或在树穴下喷40%乐斯本乳油300—500倍液。成虫发生期，以糖醋液放入园中加以诱杀，667m² 挂6个糖醋液碗，糖醋液的配比为：糖：酒：醋：水＝1：1：4：20（份）

⑤枝干病害，刮除病疤后涂腐必清2—3倍液，或5%菌毒清水剂30—50倍液，或2.12%843康复剂5—10倍液等，每隔30天涂一次，共涂3次。

⑥桃根癌病，防治方法：预防为主，综合防治。苗木调运苗木定植前应进行根部仔细检查，剔除有病瘤苗木，用生物制品— 抗癌菌剂K84的5倍混合液蘸根后再栽植，防治效果可达90%以上。土壤消毒在栽植前，每米可施硫磺粉50—100克，或5%福尔马林60克，或漂白粉100—150克。加强田间管理，多施磷、钾肥和酸性肥料。田间发现病瘤及时切除或刮除，并烧毁，刮后的伤口可用生物制品—抗癌菌剂K84的5倍混合液涂抹，然后用100倍硫酸铜溶液浇灌土壤。K84中国农大有售，电话：王建辉教授13683153380／62733018

2、落花后：

①防治蚜虫，落花后10天~15天，细致地喷洒啶虫脒(高温效果好)3000倍液，或吡虫啉可湿性粉剂3000倍液（注意花后喷吡虫啉小桃一定要长到拇指大小）。

②防治苹小卷叶蛾，落花后7—10天，喷25%灭幼脲三号1500倍液，或20%杀灭菊酯乳油4000倍液。

③梨小食心虫，又名桃折梢虫，简称梨小，主要危害桃露地生长过程中的新梢，用昆虫性外激素诱芯测报，发现桃梢被害折断和在成虫发生高峰期，喷布25%灭幼脲三号1500倍液、4.5%高效氯氰菊酯乳油2500倍液、48%乐斯本乳油1500倍液等，诱芯中国科学院动物所、各区县植保站有售。

④金纹细蛾（桃潜叶蛾），用昆虫性外激素诱芯测报，在成虫发生高峰期喷25%灭幼脲3号2500倍液进行防治，或结合防治苹小卷叶蛾同时进行。

⑤防治桑白蚧壳虫，在若虫孵化期(露地桃树开花时)，可选择喷25%扑虱灵可湿性粉剂2000倍液、20%杀灭菊酯乳油2500倍液、40%速灭蚧1000倍液、28%蚧宝乳油1000倍液、40%速蚧克800倍液。

⑥桃穿孔病、疮痂病和黑星病等，落花7天后喷65%代森锌500倍液，或72%农用硫酸链霉素可溶性粉剂3000倍液、或80%大生M－45可湿性粉剂600倍液，以后每隔15天左右喷一次，共喷2、3次，交替使用上述药剂。

⑦桃树果实病害主要有褐腐病、炭疽病、疮痂病等，一般花后可侵染，5—7月为发病盛期，后期多雨易造成烂果，化学防治应坚持早期防治，即谢花后7—10天开始喷杀菌剂2遍，中间间隔15—20天，一般采用70%甲基托布津800倍液、50%多菌灵800倍液、50%扑海因可湿性粉2000倍液或65%代森锌500倍液，后期如严重，摘袋后全树喷药一次，采用高效低毒20%阿米西达悬浮剂1000—

图5-43 利用信息化优势做好智力帮扶工作

林业果树研究所帮扶专家团队为怀柔区九渡河镇局里村进行了苹果、梨冬季整形修剪田间管理技术培训（图5-44），并邀请板栗专家兰彦平研究员示范板栗冬剪技术。通过实际操作解答密植果树整形修剪、病虫害防治等实际问题，现场展示电动修枝剪、充电式手锯等果园机具，并为参训人员发放《梨生产实用新技术》《板栗实用技术手册》等技术资料。在密云区东邵渠镇石峨村，帮扶专家团队根据该村果农的需求，开展李生长初期关键栽培技术培训（图5-45），提高了当地果农的栽培管水平，为李丰产、稳产奠定理论与实操基础（图5-46）。

图5-44　梨树四维修剪法

在密云区巨各庄镇楼峪村，对核桃、板栗示范园进行了整形修剪、病虫害防治等技术培训与指导（图5-47）。在密云区巨各庄镇赵家庄村，专家团队4次为村民以多种形式进行退林还耕政策咨询服务（图5-48）。针对大多数以板栗为主导产业的薄弱村存在的共性问题，如部分种植户对板栗树管理非常粗放甚至根本不管理，放任其自然生长，帮扶专家团队制订板栗生产年历，面向村里技术骨干进行及时培训156人次（图5-49）。同时，编制《板栗技术服务手册》，结合现场培训教授农民使用方法，累计发放技术资料178册。

图5-45　在密云区东邵渠镇石峨村开展李生长初期关键栽培技术

图5-46　在密云区东邵渠镇石峨村开展李修剪技术培训

图5-47　在楼峪村开展技术指导和培训

图5-48　在密云区巨各庄镇赵家庄村开展退林还耕政策咨询服务

图5-49　在密云区巨各庄镇赵家庄村开展技术指导

农产品加工与食品营养研究所帮扶专家在豆各庄村开展鲜食玉米生产和加工技术的培训，详细介绍鲜食玉米与传统老玉米生产差异，以及鲜食玉米采后贮藏的关键技术，累计培训骨干村民20余人，并提供鲜食玉米良种，促进豆各庄村集体经济发展。

生物技术研究所帮扶专家通过在合作社示范推广谷子轻简化生产技术基础上，编制了适合北京市当地谷子生产的地方标准《旱作谷子轻简化生产技术规程》（图5-50），并得以实施。

ICS 65.020.01
CCS B 05

DB11

北京市地方标准

DB11/T 1940—2021

旱作谷子轻简化生产技术规程

Technical code of practice for rain-fed easy-growing foxtail millet production

2021-12-28 发布　　2022-04-01 实施

北京市市场监督管理局　发布

图5-50　旱作谷子轻简化生产技术规程

北京市农林科学院根据平谷区农业产业需求和全国农业科技现代化先行县建设实际情况，第一批精心选派了11位优秀科技人才下沉一线担任村科技书记（图5-51、图5-52、图5-53），他们的专业涵盖农林渔的多学科和多方向，服务内容从顶层设计的乡村规划、产业设计，到高度专业的土壤监测、渔菜生态种养，都有效适应了全国农业科技先行县建设的需要，由一产向二三产业拓展，向社会治理、城乡建设等其他领域拓展，构建了科技书记全方位、全产业链服务的新格局，同时也为平谷区集体经济薄弱村消薄提供有力的智力支持和“外脑”助力（图5-54）。北京市农林科学院重点安排了“科技书记专项资金”，每年每人10万元，连续支持两年，用于保障科技书记驻村工作落到实处。这些科技书记带着资金、带着技术下村驻点，为夯实基层基础、紧密科研院所与农村关系、科技强村建设提供助推力量。

图5-51 媒体报道科技书记对接座谈会

图5-52 颁发科技书记聘书

聘书

兹聘请赵贤德任中国·平谷农业中关村村级科技书记

中共北京市平谷区峪口镇委员会
2022年4月18日

图5-53　科技书记聘书

图5-54　邀请企业家商谈投资项目

北京市农林科学院与平谷区有关部门紧密合作，成功举办两届“我的农业中关村”人才沙龙（图5-55），科技书记与帮扶对接村共同谋划村集体发展项目，采取公开申报和择优竞争机制，由镇财政出资，启动村集体发展项目，形成“院-区-镇-村有效联动、人才-项目落地实施”的良好局面。

图5-55 “我的农业中关村”人才沙龙

北京市农林科学院为所有对接的集体经济薄弱村（平谷含乡镇）订阅了2022年全年的《科技日报》288份、《农民日报》96份。这些报纸可以让一线人员了解最新科技进展和农业相关政策。

6. 开展农业技术培训，助力特色产业发展

（1）面向全平谷区开展鲜食玉米高效种植培训

信息技术研究中心邀请玉米研究所卢柏山研究员，开展鲜食玉米高效种植技术培训。来自平谷的7个集体经济薄弱村的农技推广人员、种植专业合作社人员等共计400余人次观看培训直播（图5-56、图5-57）。从鲜食玉米生产现状、北京地区鲜食玉米关键配套栽培技术、鲜食玉米常见病害、优新品种推荐等方面讲授了鲜食玉米种植生产技术。培训过程中，通过线上互动平台与参训人员互动交流、在线答疑，取得了良好的培训效果。

图5-56　鲜食玉米高效种植技术培训

图5-57　培训直播

（2）与平谷区刘家店镇胡家店村党支部共同举办农业技术培训

通过农科驿站云课堂平台，张超研究员就平谷特色大桃的储藏加工及高值化应用、大桃等特色果品的储藏和加工关键技术及桃花酿的制作流程和要点开展培训（图5-58、图5-59）。

图5-58　线上培训特色农产品加工技术

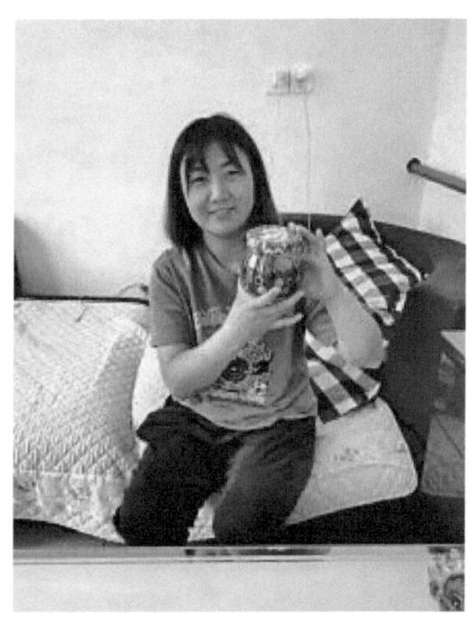

图5-59　开展生活小妙招线上培训

北京市农林科学院信息技术研究中心与北京农业信息化学会联合平谷区科学技术协会、北京科技社团服务中心、平谷区刘家店镇人民政府等单位及中华华夏农经文化促进会、台湾金汉妮文旅集团、“美团乡村振兴电商带头人培训计划”项目组，邀请海峡两岸专家围绕乡村文旅、农产品电商、品牌建设与推广开展技术培训，促进平谷区大桃产业数字化转型升级。北京农业信息化学会副理事长杜小鸿主持培训活动，京津冀农业技术推广干部、全科农技员、农业专业合作组织、农业企业负责人及种植户59名代表线下参加了培训，通过定向直播及线上会议参加培训267人次（图5-60）。

图5-60 京台农业技术系列培训

7. 落实文旅资源采集对接，为助力薄弱村文旅产业发展做素材储备

与村集体多次沟通对接，了解了薄弱村对发展文旅产业的需求，对利用三维可视互动技术及动漫展示形式来宣传薄弱村文旅产业、促进文旅产业升级达成一致。

4月中旬是平谷大桃的盛花期，信息技术研究中心及时与村集体取得联系，并携带专业设备前往经济薄弱村采集素材，包括村容村貌全景图像素材、视频素材、开花期桃树贴图素材等（图5-61）。

图5-61　在经济薄弱村采集素材

8月是平谷大桃的结果盛期，信息技术研究中心携带专业的树体三维点云数据采集设备，前往江米洞村，选择典型树形进行数据采集。采用专业相机获取结果期桃树高清贴图。对主栽大桃品种果实进行多角度拍摄，初步构建平谷大桃模型，为后续文旅宣传内容制作进行素材储备。

通过对接帮扶，帮助薄弱村引入北京市农林科学院新优品种，帮助合作社和农户拓展新的经济来源，并获得先进的种植技术和现代化运营服务技术（图5-62），总采购大桃约10 000千克，对接销售额约20万元，新增鲜食玉米收入19.35万元，在促进村集体增收、稳步实现从脱薄摘帽到巩固提升转型方面初步取得了喜人成绩，得到了京郊薄弱村的广泛认可（图5-63）。

图5-62　数字品牌设计

图5-63 胡家店村“两委”干部赠送锦旗

8. 高科技植物工厂，引领村庄发展脱薄

桃园村距平谷区政府28千米，距镇罗营镇政府2.5千米，森林资源丰富，属生态涵养区中的深山区，年人均可支配收入18 000元，是北京市590个经济薄弱村之一。2022年4月，驻村第一书记温海峰引进以杨志臣、杨学军、杨效曾为主的博士团队，搭建平台，利用村内两座废弃多年的仓库（图5-64），与北京市农林科学院、北京市问菊农科公司联手合作，将仓库改造建成植物工厂，面向高端消费人群进行功能蔬菜种植销售，

图5-64 村内闲置库房

每年可种植功能蔬菜18～20茬，设计年产绿色净菜3万千克，产值可达300万元（图5-65、图5-66）。

图5-65　闲置库房改造为植物工厂

图5-66　鲜活生菜生产

（1）扶持集体经济的发展路径

第一步，农业现代科技集成建设乡村植物工厂。盘活闲置厂房引入农业科技前沿的植物工厂技术，建成首个利用乡村闲置库房建成的植物工厂。植物工厂虽小，但集成了中国农业科学院、北京市农林科学院、清华同方等多家单位的多项科技成果——新优种苗、蔬菜水培、低碳生产、数字农业、农业元宇宙，建成年产3万千克鲜活生菜生产基地。并开展科普宣传、自动采摘等项目，实现生产与旅游经合；点亮未来农业，建设京郊首家农村植物工厂和数字休闲农业样板。

第二步，活化农耕文明，打造科农创新平台型博士农场和主题公园。聚集农林旅资源展开林果增效和传统“红肖梨”等新品种改良攻关；利用村民百家果窖，研发新型农产品；建设生态果园，发展果园林下经济；以建设博士农场的方式引进芳香植物、球根花卉种植和生物信息素技术，先期建成50亩生态果园，提高果园效益。

第三步，一二三产深度融合，培育农创居养综合体。利用镇罗营优质生态涵养和绿色佳品，利用村内100多年果窖开展郁金香切花、食用菌生产和高端蜜梨窖藏。培育宜食宜游宜居宜养（健康生活）本地模式——桃花园季，经过以“健康生活”为主线的产业培育，完善产品体系（功能性蔬菜+休闲旅游）。

（2）创新集体经济的经营机制

三家“联”手，点亮植物工厂的未来。村（桃园村）、院（北京市农林科学院）、企（北京市问菊农科公司）联手优化国际前沿植物工厂技术和融入智慧农业科学技术，集成创新了植物工厂、功能蔬菜种苗、农业元宇宙、共享菜园、博士农场、低碳节能等六大新型科技，实现高端植物工厂在桃园村转化落地，建成投产，开启先消薄再融合的基层集体“小专精”数字休闲农业乡村示范。联合创业团队计划通过3～5年的“三步走”实施方案，探索以桃园村为主体、周边村共同参与的“一品多村”、抱团式发展的新实践、新样板、新模式，推动农村集体经济转型发展，农民群众增收致富。

（3）人才支撑是保证

一是农业技术人才，北京市农林科学院为该项目配备了博士团队，经常深入生产车间，检查菜苗的生产情况，解决生产中出现问题，保障菜苗顺利成长。同时，北京市农林科学院为合作方提供的菜苗品种也是最优的。二是合作企业的管理人才。为保证种植的成功，合作方企业派出最优管理团队，负责该项目的博士团队曾经45天吃住在现场，随时检测厂房设施运行情况和菜苗的生长情况，为产品试验种植成功、开启销售模式和初见效益创造了条件。三是村集体派出的后勤服务人员，坚持盯在现场，保证水电正常供应，帮助企业做好监测，为运营公司提供扎实的后勤服务和保障。

集体经济薄弱村帮扶专项工作开展以来，该村村级集体经济发展取得的主要成效包括村党组织领导情况、集体经济法人治理情况、集体经济经营运行情况、集体经济收益分配情况、集体经济监督管理情况、扶持资金管理与使用情况等。

（4）取得成效

一方面，目前国内植物工厂建设成本为8 000～10 000元/米^2，建成使用面积300米^{2}的植物工厂一般需投资300万元左右，但集体经济薄弱村帮扶资金不足。村集体下定决心，一定要克服困难把农业高科技资源在村里落地，把植物工厂的先进技术引进后本地化，降低成本，村干部带头干，主要工程则由村民成立队伍来建设，奋战100多天建成了使用面积300米^2、生产面积500米^2、无病无虫周年生产的植物工厂，总投资仅120万元，达到了预期效果。目前，植物工厂已定植功能性生菜新品种6个，种苗2万余株，编制了独有的《乡村植物工厂操作手册》，20天能收获鲜活生菜1 800千克左右，预计能实现年产3万千克鲜活生菜的生产规模。另一方面，植物工厂建成后，面临落实技术组织生产、产品包装宣传销售的问题。帮扶专家团队建议由集体经济合作社组织生产，引进企业进行策划和销售。

此外，强化村级集体经济财务监督，保证国有资产、扶持资金全额用于产业项目发展。项目与北京莱香谭农业科技公司、北京市农林科学院签订了三方协议，优先保障了村集体利益。

村集体通过与企业合作，以租赁厂房的方式收入10万元，村民就业4人，年增收20万元；2022年带动礼品果品销售近1 000份，促进村民直接增收近6万元。

第六章

北京市农林科学院帮扶路径与启示

北京市农林科学院通过扶持资金和项目实施，为村级集体经济发展提供了强大的动力，也得到了一些值得推广的经验和启示。

一、以党建为引领，做好农村集体经济发展工作

基层党组织在发展农村集体经济中扮演着引导者、服务者的角色，更是农村集体经济发展壮大的政治保障。北京市农林科学院高度重视，重点开展乡村振兴与农业农村发展的逻辑关系、农村集体经济建设的重大意义等党建宣讲工作，注重与集体经济薄弱村基层组织的联系与交流，发挥党组织的核心作用，确保党的方针政策在农村集体经济发展过程中得到顺利落实，更好地为农村经济建设服务。

北京市农林科学院各级部门各单位深刻认识到“办好中国的事情，关键在党”。办好农村的事情，壮大农村集体经济，同样关键在党。北京市农林科学院发挥党组织在发展集体经济中的核心作用，重点做到以下几点。一是各部门各单位高度重视发展壮大村级集体经济，将这项工作视为服务乡村振

兴、服务科技兴农的重要任务，认真学习中央出台的关于农村集体经济的相关政策，加强对农村集体经济组织的培育引导和政策支持。二是抓好队伍建设，建立合理的工作考核机制，将帮扶集体经济的发展、科技人才惠农兴农作为考核党组织能力的重要指标，特别关注培养优秀的帮扶科技人才，对“科技书记”“第一书记”“科技特派员”等帮扶薄弱村的人员有评优和项目倾斜。三是设立集体经济的专项帮扶项目，加强对农村集体经济管理工作的指导和监督，建立集体经济发展的长效运行机制。四是注重从带富致富能力强、懂专业技术、工作责任心强的人中选配村干部，发挥榜样示范作用，充分调动起农民的积极性，激活农村发展的内在活力和农民的内驱力，同时加强教育培训，提高村级干部发展集体经济的能力，推动集体经济的发展。

在壮大村级集体经济过程中，北京市农林科学院的帮扶专家非常注重引导农民正确认识好集体与个人、长远与眼前之间的利益关系，在发展中做到共建共享，让老百姓真切地感受到农村集体经济发展带来的实惠。

二、各部门各单位高度重视、迅速动员、全面部署

北京市农林科学院将支撑集体经济薄弱村增收工作作为服务京郊、加快成果转化的重要抓手。面向全院征集专家与北京市农村集体经济薄弱村开展对接帮扶工作，并强调将平谷、密云作为重点支持区域。共征集相关对接村90个，与北京市农业农村局沟通后，最终确定对接村为79个，并逐一落实相

关帮扶专家。重点推荐有郊区推广经验和技术水平较高的专家进行对接，他们背后是全院的专家资源和成果，也是对接薄弱村的桥梁。

三、加强各方面扶持力度

北京市农林科学院始终坚持以习近平总书记关于巩固拓展脱贫攻坚成果同乡村振兴有效衔接重要论述为根本遵循和行动指南，紧紧围绕“科技帮扶有力度，乡村振兴见实效”这一目标全面推进集体经济薄弱村消薄工作，全面加强对科技帮扶团队各方面的扶持力度。一是从政策宣传解读角度，增强对集体经济薄弱村的指导力度。通过微信工作服务群、北京农科大讲堂等进行相关政策的宣传解读，及时提供咨询服务，帮助村“两委”、农民、合作组织等知晓政策、用好政策、用足政策。二是强化申报服务引导。以科技帮扶为契机，深入基层主动疏困解难，有针对性指导和帮助村委会完成各类农业项目申报工作，激发村集体的致富意识。三是对科技帮扶的团队给予项目和资金支持。进一步加强资金拨付监督管理，简化资金审批拨付流程，通过保障科技帮扶团队的基本利益来充分发挥帮扶资金使用效益，切实帮助企业解决资金难题。

四、坚持因地制宜的发展方针

北京市农林科学院从实际出发，坚持发展农村集体经济应当因地制宜的发展方针。对于集体经济薄弱村的地理位置、生产条件、资源状况以及政策条件等情况的不同，采取的发展模式也各不相同，选择合理的、简易的、长效的发展模式，坚持“靠山吃山、靠水吃水”的原则，发挥主观能动性，灵活运用各村的资源、政策优势，注重优化农村集体经济发展环境，积极探索发展各地集体经济的发展模式。在与农村经济发展水平相适应的前提下开发农业经济，走特色发展之路。积极鼓励和支持具备一定经济基础的村集体兴办乡镇企业，整合村级集体资金、合股来搞项目开发。积极帮助村集体建立专业合作社、技术合作社等各类服务实体，引进农产品初加工、销售、贮藏等企业，形成一二三产业链，同时发展农业生产性服务业。协助各村积极谋划，因地制宜发展乡村特色产业，助力发展特色种植以及林下经济等产业，建设一批特色农产品优势村；对环境优美的地区，策划农旅融合发展乡村旅游和服务产业，促进集体经济薄弱村发挥主观能动性，在发展壮大集体经济中展现自己的特色。

五、构建集体经济产业发展人才支撑体系

充分发挥“第一书记”“科技书记”“科技特派员”及其派出单位的帮扶功能。北京市农林科学院作为派出单位，切实选派优秀的中青年党员科技中坚力量、后备干部到帮扶村担任“科技书记”“第一书记”，并给予强有力的支持。单位切实发挥好引导、示范和协调作用，以全院的科技资源和人才储备为坚强后盾和建设平台，帮助村集体理清发展思路、配置优质资源、拓宽增收路径、培育主导产业，不断加快集体经济薄弱村的转化提升步伐。推动集体经济薄弱村主动与科研院

所“结对子”，协助村集体大力引进精通农业科技的技术型人才、懂得市场运作的经营型人才、善于乡村治理的管理型人才，以人才引领来助推农业技术创新，为发展主导产业提供科技支撑。同时注重培养打造留得住、用得上的本土人才队伍，北京市农林科学院定期开展线上线下培训，惠农品牌“北京农业科技大讲堂”打造了京科惠农、乡村讲堂、市民讲堂三个特色板块，针对不同用户对于农业科技的不同需求，分别以“传播科学技术，农业提质增效”“科普科学知识，提升科学素养”“认知农业知识，建立农业情怀”为目标，仅2022年就开展直播培训51场，服务京津冀及全国范围14.27万人次；组织线下活动13次，累计服务1 000余人次。通过相关培训，村“两委”干部、第一书记、农村实用人才、致富带头人都增长了见识，开阔了眼界，取得了实效。

六、提高扶持集体经济产业资金使用效率

北京市农林科学院通过“集体经济薄弱村科技帮扶专项”“双百对接”“科技书记专项”等项目，分类型、有步骤地相对集中安排财政支持资金。仅2022年就多途径帮扶平谷区集体经济薄弱村的投入资金超过230万元，强有力的资金来扶持保障壮大集体经济，有重点地构建和夯实各村产业基础，取得了良好效果。同时，多途径争取财政资金，通过统筹使用扶持资金，将各村的资源、资产以及人力物力集中使用，发展种植养殖特色农产品、农旅融合、林下经济等产业，发挥集聚效应，形成规模优势，从而提高主导产业市场竞争力，增强集体

经济“造血”功能，实现从“单打独斗”到“抱团取暖”。

七、积极动员全社会参与消费帮扶

北京市农林科学院在科技帮扶集体经济薄弱村构建农业产业的同时，积极通过电商平台、院内职工采购、订单农业等方式，助力集体经济薄弱村销售特色农产品。由此，科技帮扶形成了“薄弱村-研究院”“薄弱村-农户”“薄弱村-产业链”“薄弱村-市场”四个层面相互结合的立体的帮扶格局。

参考文献

白永秀，黄海昕，宋丽婷，2022. 巩固拓展脱贫攻坚成果同乡村振兴有效衔接的政策演进及逻辑[J]. 西北大学学报（哲学社会科学版），52（5）：73–86.

蔡方明，2018. 土地整治在乡村振兴战略中的机遇与挑战[J]. 低碳世界（4）：349–350.

陈丹，2019. 乡村振兴战略背景下壮大农村集体经济的思考[J]. 中国乡镇企业会计（5）：185–186.

陈焰，2018. 乡村振兴中“三农”媒体经营的三个基本原则[J]. 农村经济与科技，29（23）：270–271.

陈梓杰，2022. 行政包干制向农村基层治理扩张的路径及动因研究：以X镇Z村旧村改造为例[D]. 汕头：汕头大学.

程承坪，彭欢，2020. 中国人工智能的经济风险及其防范[J]. 人文杂志（3）：30–39.

程红涛，2019. 发展农村集体经济是精准扶贫的重要途径和经济基础[J]. 辽宁经济（4）：38–39.

崔震，2022. 中国特色农村新型集体经济研究[D]. 长春：吉林大学.

戴安林，2009. 湖南大跃进运动始末[J]. 中南大学学报（社会科学版），15（6）：782-789.

邓洪香，2009. 现时期农村贫困问题与政府反贫困职责：以遂昌县为例[D]. 金华：浙江师范大学.

邓蓉，黄漫红，2009. 论农村土地资源保护与可持续利用[J]. 现代化农业（10）：29-32.

邓淑萍，2019. 习近平精准扶贫思想的基层实践研究：以HS县为例[D]. 成都：成都理工大学.

邓小娇，2018. 壮大集体经济视域下的乡村旅游发展研究[D]. 南昌：南昌大学.

丁龙嘉，2010. 万里对人民公社体制的批判与否定[J]. 泰山学院学报，32（5）：1-6.

丁志刚，王杰，2019. 中国乡村治理70年：历史演进与逻辑理路[J]. 中国农村观察（4）：18-34.

范建刚，2023. 农村基层党组织践行推进产业振兴使命：生成根据、实践逻辑与可行路径[J]. 马克思主义与现实（4）：106-113.

冯敬鸿，2018. 壮大新时代集体经济的理论和实践研究[J]. 改革与战略，34（11）：65-70.

冯宁宁，2022. 基于农村集体经济发展的乡村治理研究：以河北省大城县Q村为调查样本[D]. 天津：天津商业大学.

冯小容，向涛，2021. 金融支持新型农业经营主体研究以四川农信（巴中）为例[J]. 当代县域经济（6）：91-93.

付晓，2010. 我国农村社区基础设施供给财政投入问题研究[D]. 北京：中央财经大学.

富姗姗，2021. “三权分置”视域下宅基地集体所有权行使主体研究[D]. 北京：北京林业大学.

高建华，2021. 新时代发展壮大农村集体经济研究[D]. 沈阳：辽宁大学.

龚成杰，2019. 强化农村党组织功能　发展壮大村级集体经济［DB/OL］. http://dangjian. people. com. cn/n1/2019/0527/c117092-31105237. html.

龚云，2019. 坚定不移发展壮大农村集体经济[J]. 中共杭州市委党校学报（1）：4-9，97.

桂福琳，2018. 通川区农村集体经济发展研究[D]. 成都：四川农业大学.

韩园园，2023. 新时代乡村治理现代化的逻辑理路[J]. 中共南昌市委党校学报，21（5）：34-39.

洪名勇，曹豪爽，2022. 乡村振兴与共同富裕的内在逻辑及实现进路[J]. 贵州社会科学（6）：161-168.

胡伟，2005. 论现行农村土地制度的产权安排[D]. 北京：首都经济贸易大学.

胡学英，2022. 共同富裕目标下新型农村集体经济高质量发展的核心要义、现实困境与实现路径：以江西省为例证[J]. 经济论坛（6）：83-93.

蒋宇，鞠新涛，季敏，2021. 统全局促融合逐梦振兴路：泰兴市广陵镇探索乡村振兴纪实[J]. 江苏农村经济（10）：48-51.

金明娟，2019. 苏州市经济相对薄弱村帮扶路径研究[D]. 苏州：苏州科技大学.
礼闻，2004. 解读“一号文件”[J]. 现代商贸工业（3）：5-6.
李玎，2013. 探索“两个联合”推进集体经济更快发展[J]. 中国集体经济（32）：10-12.
李东宸，2022. 财政投入、产业结构升级与新型城镇化[D]. 太原：山西财经大学.
李慧，胡豹，2022. 共同富裕视阈下推进浙江农村集体经济发展的模式与路径[J]. 浙江农业科学，63（10）：2243-2247，2273.
李鹏，2019. 主流价值表征与受众共识达成：“社会主义核心价值观”主题微电影的叙事策略分析[J]. 电影评介（5）：101-104.
李希跃，2014. 浅谈人民公社粮票的发行始末[J]. 粮食问题研究（3）：50-53.
李忠鹤，2023. 中国农村集体经济演进与发展研究[D]. 长春：长春理工大学.
林光彬，2019. 农村集体经济：发展历程与未来思路[J]. 国家治理（31）：41-48.
刘满华，2017. 张家界市永定区村集体经济发展路径探析[J]. 新西部（中旬刊）（9）：10-11.
刘允，2021. 中国农村改革与马克思主义中国化的互动探讨[J]. 经济研究导刊（3）：1-3.
罗静，2012. 中国农村集体经济的理论与实证研究[D]. 成都：四川大学.

吕建文，2018. 实施乡村振兴战略实现城乡融合发展[J]. 环渤海经济瞭望（11）：93-94.

孟鹤，2009. 信息技术条件下科研单位开展农技推广的实践与创新：以北京市农林科学院为例[J]. 安徽农业科学，37（32）：16055-16057.

缪听雨，佟坤达，2022. 实现集体经济增收：农村“再集体化”的可行性及其实践走向[J]. 周口师范学院学报，39（6）：36-41.

乔金亮，2017. 乡村振兴关键在“农民”［DB/OL］. http://www. ce. cn/xwzx/gnsz/gdxw/201711/13/t20171113_26835004. shtml.

秦文敏，2013. 试析安徽省农业系统创新：基于创新链和产业链整合的视角[D]. 合肥：安徽大学.

曲凤东，2021. 供给侧改革下推进大学生就业创业教育的路径[J]. 经济研究导刊（35）：81-83.

尚玉霜，2022. 乡村振兴背景下探索农村集体经济发展路径的实践研究：基于古田县党支部领办合作社模式考察[J]. 现代化农业（1）：75-77.

苏慧，2019. 农村基层党组织在乡村振兴中的功能定位及实现路径[J]. 福州党校学报（4）：33-37.

谭梅，2004. 关于国有集体企业产权制度变迁的实证研究：以广西柳州市汽车配件二厂改制为例[D]. 武汉：华中科技大学.

提文静，2018. 共同富裕视阈下的我国新型农村集体经济发展研究[D]. 郑州：郑州轻工业学院.
汪鸿鹏，2020. 乡村振兴战略背景下村集体经济发展现状及对策研究：以婺源县大鄣山乡为例[D]. 南昌：南昌大学.
王海英，夏英，2022. 共同富裕视角下农村集体经济的有效实现形式：理论逻辑和案例证据[J]. 内蒙古社会科学，43（5）：118–125.
王洪平，2023. 发展新型农村集体经济应当坚守的法治底线[J]. 理论学刊（3）：150–158.
王佳丽，2022. 唐山市丰润区新时代文明实践中心运行存在问题及对策研究[D]. 秦皇岛：燕山大学.
王静宇，王莉，2023. “三保障”为农业中关村提质加速[J]. 北京支部生活（3）：33–35.
王君洁，任新平，2020. 基于RCEP的海南特色自由贸易港建设探讨[J]. 绿色科技，23（4）：257–259.
王新志，2023. 推动新型农村集体经济高质量发展[N]. 大众日报，2023-04-11（6）.
王妍，2020. 辽宁省建昌县村级集体经济发展问题与对策研究[D]. 大连：辽宁师范大学.
王永毅，2018. 论发展村镇集体经济的合理性及必要性[J]. 中国集体经济（5）：1–2.
魏佳艺，尹哲友，2022. 农村“册外地”治理探讨：基于延边朝鲜族自治州的案例[J]. 安徽农业科学，50（4）：256–257，265.
吴志强，2021. 走好集体经济薄弱村产业发展这步棋[J]. 前线（4）：78-80.

谢玉梅，杨阳，刘震，2018. 精准嵌入："第一书记"驻村帮扶选派、运行与实践：基于江苏宿豫的调查[J]. 江南大学学报（人文社会科学版），18（2）：29-36.

徐丽姗，杜恒志，2023. 全面推进乡村振兴视域下发展新型农村集体经济的困境、成因与对策分析[J]. 云南财经大学学报，39（8）：101-110.

徐顺学，2021. 乡村振兴背景下农村集体经济组织发展研究[J]. 中国集体经济（12）：3-4.

杨明宇，2020. 长春市双阳区农村集体经济发展研究[D]. 长春：吉林大学.

杨艳梅，2022. 加强党对农村集体经济领导的实践探索与对策建议：以北京市海淀区为例[J]. 中共合肥市委党校学报，21（4）：29-33.

叶阿慧，2021. 我国农村集体经济发展的影响因素及发展思路：基于重庆C县的调查[D]. 南昌：江西财经大学.

于咏华，周克勤，2001. 影响农村稳定的十大因素[J]. 学习论坛（9）：25-27.

于振，2021. 新时代农村集体经济发展研究[D]. 石家庄：河北经贸大学.

原静文，2022. 县级政府促进农村集体经济发展的行为研究[D]. 太原：山西大学.

苑文华，2021. 黑龙江省乡村旅游产业竞争力提升研究[D]. 哈尔滨：黑龙江省社会科学院.

詹祎蕊，邓文，肖景峰，等，2021. 乡村振兴战略背景下湖南省农村集体经济可持续发展路径研究[J]. 湖南农业科学（9）：97-100.

张利晨，王延庆，魏东辉，等. 2023. 浅析“三农”问题在马克思主义中国化三次历史性飞跃中的地位[J]. 中国农垦（1）：42-45.

张鹏，2019. 川东地区乡村社会改造中中国新民主主义青年团的作用研究（1949—1956）[D]. 重庆：西南大学.

张新奇，2022. 燕山地区板栗产业高质量发展研究[D]. 秦皇岛：河北科技师范学院.

赵晓莹，2021. 村党组织组织力问题研究[D]. 大连：辽宁师范大学.

曾莉，2018. 筑牢城市安全网，守护百姓平安幸福[N]. 湖北日报，2018-07-13（5）.

曾耀岚，2023. 新型农村集体经济赋能农民共同富裕的实现机理[J]. 现代农业，48（3）：79-83.

《中国民政》编辑部，2017. 满怀豪情迎接党的十九大胜利召开[J]. 中国民政（19）：1.

周爱香，2019. 新常态下农村集体经济发展的重要性与策略思考[J]. 中国集体经济（16）：12-13.

周斌，杨新宇，2021. 乡村振兴背景下农家书屋发展的现实困境与建设路径研究[J]. 乡村科技，12（20）：120-122.

周福安，2018. 发展壮大村级集体经济促进乡村振兴[J]. 人文之友（19）：76.

周红利，冷怀明，2023. 学习党的二十大精神推进科技期刊高质量发展的思考[J]. 编辑学报，35（1）：8-11.
庄玉玺，2020. 农村基层党组织组织力建设实践探析：以河南省南阳市F村为例[D]. 桂林：广西师范大学.